Wise juvenile

智 慧 少 年

U0666457

年中国丛书

少年强则中国强

彩图版

智慧少年

策划⊙孟凡丽

主编⊙袁 毅

Wuhan University Press
武汉大学出版社

图书在版编目(CIP)数据

智慧少年/袁毅主编. —武汉:武汉大学出版社,2013.1(2023.6 重印)
(少年中国丛书:彩图版)
ISBN 978-7-307-10446-4

Ⅰ.智… Ⅱ.袁… Ⅲ.成功心理-少年读物 Ⅳ.B848.4-49

中国版本图书馆 CIP 数据核字(2013)第 022520 号

责任编辑:代君明　　　　责任校对:宋静静　　　　版式设计:王　珂

出版发行:**武汉大学出版社**　　(430072　武昌　珞珈山)
　　　　(电子邮箱:cbs22@whu.edu.cn 网址:www.wdp.com.cn)
印刷:三河市燕春印务有限公司
开本:710×1000　1/16　　印张:10　　　字数:68 千字
版次:2013 年 1 月第 1 版　　2023 年 6 月第 3 次印刷
ISBN 978-7-307-10446-4　　定价:48.00 元

　　故今日之责任，不在他人，而全在我少年。少年智则国智，少年富则国富，少年强则国强，少年独立则国独立，少年自由则国自由，少年进步则国进步，少年胜于欧洲，则国胜于欧洲，少年雄于地球，则国雄于地球……

——摘自梁启超《少年中国说》

　　一百多年前，中国身陷半殖民地半封建社会的境地，外有列强步步逼入，内有政府腐败无能，梁启超奋笔疾书《少年中国说》，以此激励世人扛起振兴中华的责任。

　　一百多年后，今天的中国国力渐强，但仍面临着各种各样的机遇和挑战。今日国之希望，未来国之栋梁，唯我少年！

　　但是要想担负起这个希望，要想成为这个栋梁，不是把《少年中国说》倒背如流就可以做到的。现在国与国的竞争，人与人的竞争越来越多元化、复杂化，在把语数英这些基础学科的知识掌握好之外，我们还需要培养自己的多元素质体系，这样才能使自己在与他人的竞争中立于不败之地，这样的少年担负起的中国才能在与他国的竞争中立于不败之地！

　　《少年中国丛书》选取了一个好少年最应该具备的基本素质：爱国、梦想、美德、感恩、创新、礼仪、励志和智慧。在一个个感化心灵的故事中潜移默化，在一个个精彩的主题活动中把这些素质落实到行动。

　　在这套书的陪伴引领下，让我们一起做一个好少年，做一个扛得起国之希望的好少年！

编委会

少年强，则中国强

少年中国

第一章　你的斧头磨利了吗

第二章　抱着鞋倒着走

第三章　危险的森林里

第四章　捞鱼的哲学

Wise juvenile

　　智慧无处不在，即使是以情感为基础的处事方式，也需要用智慧去完善。因为情感过于随意，而智慧让我们理智。友好时，炙热的情感需要用智慧来找寻表达的方式；愤怒时，澎湃的情感需要智慧来帮你理顺表达的顺序；痛苦时，低沉的情感需要智慧来找寻排解的方式。只有用智慧将自己的情绪调整好，与人相处才可能和谐。

信任是一双希望的手 ▶▶▶

面对任何人都不要吝惜你的信任，因为这很可能引领一个人走向希望。

布鲁姆是小镇上出名的地痞，整日游手好闲，酗酒闹事，人们见到他唯恐躲避不及。一天，他醉酒后失手打死了前来上门讨债的债主，被判刑入狱。

入狱后的布鲁姆幡然悔悟，对以往的言行深深感到懊悔。一次，他成功地协助监狱制止了一次犯人的集体越狱出逃，获得了减刑的机会。

布鲁姆从监狱中出来后，回到小镇上重新做人。他先是找地方打工赚钱，结果全被对方拒绝。这些老板全部遭受过布鲁姆的敲诈，谁也不要他这种人。食不果腹的布鲁姆又来到亲朋好友家借钱，遭到的都是一双双不相信的眼光，他那一点刚充满希望的心，开始滑向失望的边缘。这时，镇长听说了，就取出了100美元，递给布鲁姆，布鲁姆接钱时没有显出过分的激动，他平静地看了镇长一眼后，消失在镇口的小路上。

　　数年后，布鲁姆从外地归来。他靠100美元起家，苦命拼搏，终于成了一个腰缠万贯的富翁，不仅还清了亲朋好友的旧账，还领回来一个漂亮的妻子。他来到了镇长的家，恭恭敬敬地捧上了200美元，然后，对镇长说道："谢谢您！"

事后，费解的人们问镇长，当初为什么相信布鲁姆日后能够还上100美元，他可是出了名的借钱不还的地痞。

　　镇长笑了笑，说："我从他借钱的眼神中，相信他不会欺骗我，我那样做是让他感受到社会和生活不会对他冷酷和遗弃。

　　一个即将走向极端的人，被镇长的信任拯救了过来。

| 智慧传承 | 　　信任是伸向失望的一双手，一个小小的动作能改变一个人的一生，镇长借给从监狱中出来的布鲁姆的100美元，不只是让他走出困顿的生活，更是给予了他难得的信任，让他在自己的生活中找到了温暖。 |

三条忠告 ▶▶▶

在忠告声还没有消散时，就忘记了自己的承诺，结果可想而知。

一次，一个猎人在森林里捕获了一只非常奇特的鸟，它会说话。

鸟儿挣扎着说："你放了我吧，我能说70种语言，非常聪明。只要你放了我，我将给你3条忠告。""你先告诉我忠告，"猎人回答道，"我发誓我会放了你。"

鸟儿同意了。"第一条忠告是，"鸟儿说道，"自己做的事做完之后，就不要后悔。""第二条忠告是：不管什么人告诉你一件事，如果你认为是不可能的就不要相信。""第三条忠告是：不要轻易爬高，如果爬不上去，千万不要费力去爬。"

说完后，鸟儿对猎人说："我对你的忠告就是这些。该放我走了吧？"猎人想想自己的誓言，把鸟儿放了。

这只鸟儿飞起后落在一棵大树上，冲着猎人大声喊道："你真愚蠢，你放了我，但你并不知道我为什么这么聪明。我的嘴里有一颗价值连城的大珍珠，正是它让我这样聪明的。"

这个猎人听完后，狠狠地捶了捶自己的脑袋，后悔不迭：自己怎么就没有想到它聪明的根本原因呢？他想再次捕获这只鸟，于是跑到树跟前往上爬。但是那树实在是太高了，爬到一半时，他不小心一松手就掉了下来，摔断了双腿。

鸟儿嘲笑他并向他喊道："笨蛋！我刚才告诉你的忠告你全忘记了。你相信像我这样一只小鸟的嘴里会有一颗很大的珍珠，你忘记了第二条；你把我放了，又后悔，你忘记了第一条；你不甘心，又爬上树来抓我，你忘记了第三条。你摔断双腿也是咎由自取。"

鸟儿扑打着翅膀，接着说道："对聪明人来说，一次教训比蠢人受100次鞭挞还深刻。"说完就飞走了。

智慧传承　　聪明的人，经历一次教训比蠢人受100次鞭挞还深刻。但这位可怜的猎人却在短短的一瞬，让自己成为了愚蠢的人。人处于世间，要懂得遵守自己的承诺，你立下的誓言，是对他人的承诺，也是对自己的承诺。人始终是以诚信立足于世间的，如果你不能够始终把握好自己，丧失了自己的诚信，你就失去了与人交往的基本条件。

彩票 ▶▶▶

快乐就在一念间，放下得失的计较，你就可以获得。

尤里乌斯是一个画家，而且是一个很不错的画家。他画快乐的世界，因为他自己就是一个很快乐的人。

不过没人买他的画，因此他想起来会有些伤感，但也只不过是一会儿。

"玩玩足球彩票吧！"他的朋友劝他，"只花2马克就有可能赢得很多钱。"

于是尤里乌斯花2马克买了一张彩票，并真的中了彩！他赚了50万马克。

尤里乌斯买了一幢别墅并对它进行了一番装修。他很有品位，买了很多东西：阿富汗地毯，维也纳橱柜，佛罗伦萨小桌，迈森瓷器，还有古老的威尼斯吊灯。

尤里乌斯很满足地坐下来，他点燃一支香烟，静静享受他的幸福，突然他感到很孤单，便想去看看朋友。他把烟蒂往地上一扔，在原来那个石头画室里他经常这样做，然后他出去了。

燃着的香烟静静地躺在地上，躺在华丽的阿富汗地毯上。一个小时后别墅变成了火的海洋，它被完全烧毁了。

朋友们很快知道这个消息，他们都来安慰尤里乌斯。

"尤里乌斯，真是不幸啊！"他们说。

"怎么不幸啊？"他问。

"损失啊！尤里乌斯，你现在什么都没有了。"

"什么呀？不过是损失了两个马克。"尤里乌斯答道。

<table>
<tr><td>智慧传承</td><td>尤里乌斯是个快乐的人，得到50万时，他快乐地享受生活；失去50万时，他仍然快乐地接受现实。人只要能够将一些身外之物看淡了，能够懂得你得到的任何东西终将失去，而你失去的，有一天也会再回到自己身边的道理，生活中就不会存在患得患失的烦恼。</td></tr>
</table>

你的斧头磨利了吗 ▶▶▶

任何时候，不给自己休息和总结的时间，只能让自己越来越累。

美国在几十年前经济非常不景气，所以年轻人的失业率很高。美国政府为了提供更多的工作机会，也为了锻炼年轻人的体魄，在落基山里腾出一块林地，由年轻人负责伐木。工人并不利用电锯或其他有效率的工具来砍伐树木，而是使用传统的斧头，以达到强健身体的目的。

有一位年轻人经过申请后，来到山里工作。

第一天领到斧头，相当兴奋，到所属的林区砍树。眼看树一棵棵地倒下，他就工作得更卖力。收工时，一位老工头来验收他的成绩后，告诉年轻人："你的表现很好，一天共砍了十五棵树，我们工作以来一天的最高记录是十六棵，你再努力一点就可以破纪录了。"

年轻人受到激励，第二天起得更早，匆忙盥洗吃完早餐后，就赶到林区砍树。努力工作一天后，老工头又来验收，发现他砍了十四棵树。年轻人自己也发现退步了不少，离自己想破纪录的目标也越来越远。于是他下定决心，第三天要更努力，绝不能松懈下来。

第三天在天色还是一片漆黑时，他就已经起床，没吃早饭就跑到林区门口。中午休息铃响，仍不愿意放下工作。工头要求必须停工，他才勉强放下斧头。

结果在清点后，年轻人发现他只砍了十三棵树，他有些挫折感，自问为什么每天都在退步。老工头听到后笑笑说："你是不是没有第一天那么有热忱，午餐吃太久，又休息比较久，是不是？"年轻人听了很生气地说："我今天早餐、午餐都没吃，你居然讲我偷懒！"顺手就把斧头丢在地上，老工头马上把斧头捡起来，拉住年轻人说："你看你这把斧刃，都已经开花了，你上次磨斧头是什么时候？"年轻人更生气地说："我每天都这么忙，哪有时间磨斧头！"

大家有没有发现，我们常会利用20%的时间去完成80%的事，因为在充分休息及充电后，自己的效率会提高许多。所以设法均衡地安排自己的时间，就像每天在检查和磨利斧头一样，能帮助我们用更少的时间，完成更多的事。

这是克服过度的忧虑与压力的好方法，也可以提高我们的生活品质。

智慧传承　　古语说："磨刀不误砍柴工"，这个道理非常简单，没有充分的准备，没有足够的休息和总结时间，任何一件事都不可能做得轻松愉快。学习也是这样，如果你也像故事里的伐木工一样，每天只想着去争取更高的目标，而脱离了总结自己，忘了休息，你就不可能代表你自己获得成功。懂得休息和总结自己的人，才有充沛的精力去探索、求知。

获救的驴子 ▶▶▶

鱼总是逆流而行，人生也必须渡过逆流才能走向更高的层次。

有一天某个农夫的一头驴子，不小心掉进一口枯井里，农夫绞尽脑汁想办法救出驴子，但几个小时过去了，驴子还在井里痛苦地哀嚎着。

最后，这位农夫决定放弃，他想这头驴子年纪大了，不值得大费周章去把它救出来，不过无论如何，这口井还是得填起来。于是农夫便请来左邻右舍帮忙一起将井中的驴子埋了，以免除它的痛苦。

农夫的邻居们人手一把铲子，开始将泥土铲进枯井中。当这头驴子了解到自己的处境时，刚开始哭得很凄惨。但出人意料的是，一会儿之后这头驴子就安静下来了。农夫好奇地探头往井底一看，出现在眼前的景象令他大吃一惊：当铲进井里的泥土落在驴子的背部时，驴子的反应令人称奇——它将泥土抖落在一旁，然后站到铲进的泥土堆上面!

　　就这样,驴子将大家铲倒在它身上的泥土全数抖落在井底,然后再站上去。很快地,这只驴子便得意地上升到井口,然后在众人惊讶的表情中快步地跑开了!

将仇恨化为宽恕 ▶▶

一对父子相互扶携，走在落日的余晖里，谁会想到，他们本是仇人。

我的爸爸是任何人都会引以为荣的人。他是位知名律师，精通国际法，客户全都是大公司，因此收入相当不错。

我是独子，当然是三千宠爱在一身，爸爸没有惯坏我，可是他给我的实在太多了。我们家很宽敞，也布置得极为优雅。爸爸的书房是清一色的深色家具、深色的书架、深色的橡木墙壁、大型的深色书桌，书桌上是造型古雅的台灯，爸爸每天晚上都要在他书桌上处理一些公事，我小时候常乘机进去玩。爸爸有时也会解释给我听他处理某些案件的逻辑。他的思路永远如此合乎逻辑，以至我从小就学会了他的那一套思维方式，也难怪每次我在课堂发言时常常会思路很清晰，老师们当然一直都喜欢我。

爸爸的书房里放满了书，一半是法律的，另一半是文学的，爸爸鼓励我看那些经典名著。因为他常出国，我很小就去外国看过世界著名的博物馆。我隐隐约约地感到爸爸要使我成为一位非常有教养的人，在爸爸的这种刻意安排之下，再笨的孩子也会有教养的。

我现在是大学生了，当然一个月才会和爸妈度一个周末。前几天放春假，爸爸叫我去垦丁度假，在那里我家有一个别墅。爸爸邀我去海边散步，太阳快下山了，我们在一个悬崖旁边坐下休息。

我提起社会公义的问题，爸爸没有和我辩论，只说社会该讲公义，更该讲宽恕。他说："我们都有希望别人宽恕我们的可能。"我想起爸爸也曾做过法官，就顺口问他有没有判过任何人

死刑。

爸爸说："我判过一次死刑，犯人是一位年轻的原居民，没有什么常识，他在台北打工的时候，身份证被老板娘扣住了，其实这是不合法的，任何人不得扣留其他人的身份证。他简直变成了老板娘的奴工，在盛怒之下，打死了老板娘。我是主审法官，将他判了死刑。事后，这位犯人在监狱里信了教，从各种迹象来看，他已是个好人，因此我四处去替他求情，希望他能得到特赦，免于死刑，可是没有成功。"

"他被判刑以后，太太替他生了个活泼可爱的儿子，我在监狱探访他的时候，看到了这个初生婴儿的照片，想到他将成为孤儿，也使我伤感不已，由于他已成为一个好人，我对我判的死刑痛悔不已。"

"他临刑之前，我收到一封信。"爸爸从口袋中，拿出一张已经变黄的信纸，一言不发地递给了我。

信是这样写的：

法官大人：

谢谢你替我做的种种努力，看来我快走了，可是我会永远感谢你的。我有一个不情之请，请你照顾我的儿子，使他脱离无知和贫穷的环境，让他从小就接受良好的教育，求求你帮助他成为一个有教养的人，我再也不想让他像我这样，糊里糊涂地浪费了一生。

我对这个孩子大为好奇，忙问道："爸爸，你是怎么样照顾他的呢？"

爸爸说:"我收养了他。"

一瞬间,世界全变了。这不是我的爸爸,他是杀我爸爸的凶手,子报父仇,杀人者死。我跳了起来,只要我轻轻一推,爸爸就会粉身碎骨地跌到悬崖下面去。可是我的亲生父亲已经宽恕了判他死刑的人,坐在这里的,是个好人,他对他自己判人死刑的事情始终耿耿于怀,我的亲生父亲悔改以后,仍被处决,是社会的错,我没有权利再犯这种错误。

如果我的亲生父亲在场,他会希望我怎么办?

我蹲了下来,轻轻地对爸爸说:"爸爸,天快黑了,我们回去吧!妈妈在等我们。"爸爸站了起来,我看到他眼旁的泪水,"儿子,谢谢你,没有想到你这么快就原谅了我。"我发现我的双眼也因泪水而有点模糊,可是我的话却非常清晰,"爸爸,我是你的儿子,谢谢你将我养大成人。"

海边这时正好刮起了垦丁常有的落山风,爸爸忽然显得有些虚弱,我上前扶着他,在落日的余晖下,向远处的灯光顶着大风走回去。

智慧传承

仇恨和爱一样,是人与人之间不可或缺的一种情感。但在这种情感的旁边,上帝为你准备了宽恕,只要你在仇恨产生时,顺便捡起宽恕,你就可以一直生活在充满爱的温馨中。

当儿子搀扶着爸爸,一起走在落日的余晖下,这一幕,最为感人,因为他充满了包容与爱。

在任何时候,懂得将仇恨化为恩情,都是对自己最好的滋养,更是获得更多真情,获得好的人际关系的关键。

胜利的手势 ▶▶▶

他高高举起的右手，是一个孩子对坚强生命的诠释。

收到鲍勃照片的时候，我很难把相片上这个搂着最佳射手奖杯、一脸阳光的年轻人同12年前那个瘦弱畏缩的男孩子联系起来。但是，他高高举起的右手是划破我记忆的闪电，那是一个孩子对生命的坚强诠释。

12年前，我受蒙特利哥学校邀请，担任该校足球队春季集训的教练。第一次和队员们见面是在一个阳光明媚的下午，十多个男孩穿着整洁的球服坐在草地上听我讲话。从孩子们清澈的眼睛里可以看出，他们是崇拜我的。训话结束后我对孩子们说："现在轮到我认识你们了。大家站成一排，在我和你们握手的时候告诉我你们的名字。"

我从一个个孩子面前走过，夸奖着那些自信地喊出自己名字的孩子，最后走到队尾那个瘦小的男孩面前。他先是很紧张地看着我，小声说："我叫鲍勃。"然后，他才缓缓地把左手伸到我面前。

　　"哦，这可不行，"我说，"你应该知道用哪只手握手吧？而且你的声音还可以再大一点。怎么样，小家伙，我们再来一次？"鲍勃低下头一声不吭地站在那里。这时，他身旁的狄恩说："教练，鲍勃的右手生来只有两根手指。"鲍勃猛地抬起眼睛看着我："我能踢得很好的。做候补我也愿意。"

　　我平静地把右手伸到鲍勃的面前，温和地说："你愿意跟我握下手吗？"鲍勃迟疑地将他残缺不全的手放到我的手心里。我

双手握住他微微颤抖的小手："鲍勃，你记住，没有必要遮掩什么。恰恰相反，你有一双幸运的手。上天如此安排，为的是能让你比别人更快地打出'胜利'的手势。"（用手指打出英文单词胜利"victory"第一个字母"v"）

鲍勃苍白的脸上渐渐浮起灿烂的笑容。集训结束时，有一场和邻校的汇报比赛，孩子们举着手争先恐后拥到我面前，希望自己能首发出场。鲍勃的左手几乎要举到我眼前，我装作没看见。剩下最后一个名额时，我沉默地看着鲍勃，鲍勃涨红的脸上突然有了凝重的神情，他坚定地举起右手，微微张开两指："教练，请给我一次机会。"

我记得那回鲍勃进了两个球。

伤痕往往是上帝的亲吻，如果你能够重视。

智慧传承

伤痕是上帝的亲吻，多么充满智慧的一句话啊！如果我们都能够正确对待自己身上的不足，并且能够将这些不足摆在正确的位置，相信你也会做出属于自己的、胜利的手势。

在鲍勃的小小世界里，残缺不全的右手根本不算什么，他能够轻易地攻陷对方的球门，这才是他的价值所在，而那只右手，只是用来做出胜利手势的一个小遗憾。

正视自己的缺陷，同时不要因为缺陷而忽略了自己的优势，因为这一切都可能成为你胜利的资本。

把心放到冷水里 ▶▶▶

我们可以热烈地追求自己的梦想，只不过要随时给自己炽热的心降降温。

我上高中时，有一次参加学生会主席的竞选，初选战绩还不错，于是信心大增，开始挖空心思宣传自己，积极准备最后的选举。可最终的选举我失败了，甚至连个部长都没有当上。我心情沮丧到了极点，整天无精打采，不想见人，感觉整个冬天都在为我而寒冷。

一天，老师将我叫到办公室，什么也没说，倒上一杯热水，又倒上一杯冷水，笑着问我："如果我把它们拿到室外，你说哪一个杯子里的水先冻上？"我不假思索地说："肯定冷水先冻上了！"老师一笑，说："好，那咱们试一试。"他把两杯水拿到了窗外。过了一会儿，老师叫我一起走到窗前。令我惊讶的是，热水已经上冻，可那杯冷水还没有，我惊讶无语。老师笑了笑，对我说："一颗燥热的心如这杯热水一样，在遭遇寒流的时候，

027
智 慧 少 年

更容易被冻结。"

老师又拿出一个冻苹果，切下两块，一块放在热水杯里，一块放进冷水杯里，然后问我："你说，哪一个杯子里的苹果先解冻？"我犹豫了一下，害怕答错，过了一会儿，才小心翼翼地说："应该是热水杯里的先解冻吧？"可结果令我又是一惊，冷水泡过的苹果虽然外面包着一层薄冰，但是整块苹果是软软的，已经解冻了。而热水泡过的苹果，虽然外层是软软的，但它的内部还是硬邦邦的，没有解冻。我又是无语，老师对我说："一颗冰冷的心如这块冻苹果，当它被燥热的水所浸泡的时候，解冻是漫长的，不如给它降降温，冻就会很快地解开。"

体会到老师的用心良苦，我开始用一颗冷静的心去思考，突然间发现自己确实还不具备竞选的实力：学习中游，各项活动中见不到自己……想着竞选失败，我也就没什么遗憾了。

在后来的岁月中，我依然在热烈地追求自己的梦想，只不过总要给自己炽热的心不时降降温。

很多时候，我们追求得越是狂热，可能受的打击也就越大。但是，当心被失败的寒冷所冻结时，让心冷静下来，冻就会很快解开。当你抓住一件东西总是不放时，或许你永远只会拥有这件东西，如果肯放手，便获得了其他选择机会。旧观念不放弃，新观念也就难以产生！

公牛和狮子 ▶▶▶

谎言有时也是友情的试金石，真正的朋友，不会轻易说出一句谎言。

在 靠近原始森林的一个牧场上生活着三头肥壮的公牛。它们形影不离，总是在一起吃草，一起到河边喝水，一起睡在牧场。

有一头狮子早就对这三头牛垂涎三尺了，但它始终没有下手的机会，因为三头牛从不分离。最后，狮子想出了一个主意：离间三头公牛之间的感情，然后再一个个地去对付。

一天，一头公牛远离了它的两个伙伴，独自在森林边缘吃草。狮子慢慢地走上前，主动和它打招呼说："朋友，听着！你要留心你的两个伙伴，因为我听说它俩为了霸占草地想合伙干掉你。你瞧，它俩在窃窃私语，而且还不时地瞅你一眼，生怕你听见了。"

愚蠢的公牛转过它那笨重的大脑袋，果然看见它的两个伙伴在咬耳朵，一下子便轻信了狮子的话。打那以后，这头公牛和自己的伙伴离得愈来愈远了。

几天以后，狮子又用同样的诡计，在第二头公牛面前搬弄是非。结果，那头公牛也相信了狮子的挑拨，渐渐地也离开了自己的伙伴。

就这样，过去曾经亲密无间的三头公牛，现在却视同陌路，再也不团结了，相互离得远远的，去小河喝水的时间也错开了，甚至连晚上躺在树底下睡觉时，也尽量离得远远的。

狮子的计谋终于得逞，它高兴极了。狮子突然从密林中奔出来，扑向一头公牛，咬断了它的脖子。而另外两头在远处分散吃草的公牛眼睁睁地望着狮子吞食了自己的伙伴，只想着那是它应得的报应。

第二天，狮子吃掉了另一头公牛。第三天，最后一头公牛也成了狮子口中的美食。

智慧传承	在我们的生活里，不可避免地会遇到小人，这些人总是用花言巧语，在你的面前诋毁你的亲朋好友。狮子就代表了这样的形象，它的语言看似中肯，目的却是要吃掉公牛。 我们周围有朋友，也有挑拨离间的小人。在处理小人和朋友关系的问题上，其实很简单，只要你始终保持对朋友的真诚和信任，拥有自己判定是非的标准，就永远也不会受到小人的教唆。 为人处事中，坚持自己的是非观，是至关重要的。

乞丐的命运 ▶▶▶

可怕的不是凄惨的命运，而是对这种命运的习惯。

上帝想改变一个乞丐的命运，于是就化作一个老翁前来点化他。

他问乞丐："假如我给你1000元，你如何用它？"

乞丐回答说："这太好了，我可以买一部手机呀！"

上帝不解，问他为什么。

"我可以用手机同城市的各个地区联系，哪里人多，我就可以到哪里去乞讨。"乞丐回答说。

上帝很失望，又问："假如我给你10万元呢？"

乞丐说："那我可以买一部车。以后，我再出来乞讨就方便了，再远的地方也可以很快赶到。"

上帝感到悲哀，这一次，他狠狠心说："假如我给你1000万元呢？"

乞丐听罢，眼里闪着光亮说："太好了，我可以把这个城市最繁华的地区全买下来。"

上帝挺高兴。

这时，乞丐补充了一句："到那时，我可以把我领地里的其他乞丐全撵走，不让他们抢我的饭碗。"

上帝听罢，黯然离去。

姚明的幽默 ▶▶▶

真正的幽默，来自对生活深刻的认知以及生活的智慧。

美国一家媒体幽默地评价道："姚明大概是我们除了烤鸭酱外，从中国进口的最重要的东西。"热爱篮球的父母给了姚明2.26米的身高和充满智慧的大脑，任他纵横天下，成为世人瞩目的偶像。

姚明的玩笑能够让所有的人会心而笑，没有愚弄，没有嘲讽，也没有对任何人的伤害。姚明的幽默，就像他的身高和球技一样，实在是高明。

参加2003年NBA全明星赛的球员们接受媒体的第一次采访时，姚明是最引人注目的一个。他刚一进入见面会的大厅，就被记者们包围在中间。在回答问题的时候，姚明仍然保持着他那敏锐的思维和幽默的语言。一名记者问姚明："泰格·伍兹对高尔夫球的发展做出了巨大的贡献。在中国，篮球比高尔夫球影响要大得多，你认为这其中你的个人影响力有多大？"姚明歪着脑袋狡黠地说："我想，那是因为篮球比高尔夫球大一点点吧。"一名记者问道："曾经有人建议把篮框的高度提高，因为NBA里有太多的人能够扣篮，你对此怎么看？"姚明把这一矛头转给了布拉德利："我想是的，至少对他来说。"并风趣地解释说："虽然他个子很高，却从来没碰过头。"一名记者问："你将来如何对待媒体的围追堵截？"姚明又是幽默地说："尽可能跑得快一些。"记者接着追问："在这里最害怕什么？""希望大家不要将我逼进厕所。"姚明说完自己也笑了。

2003年5月8日，姚明出席"姚明中文官方网站"开通仪式，其间接受了记者的采访。记者："你个人是怎么防护'非典'、保护自己的？"姚明回答："开句玩笑，我个子高。每天呼吸的新鲜空气比别人多，所以不大容易得'非典'。"

2003年8月1日颁奖晚会的热情，再一次刺激了他的幽默细胞。央视名嘴孙正平对姚明进行采访时问："你认为在NBA打球和CBA打球最大的区别是什么？"姚明不失幽默地回答："在NBA打球需要翻译。而CBA就不需要。"颁奖晚会的第6项是"最具影响力的男女球员"，姚明在第二次上台领奖时，孙正平丢给他的问题是："你所到之处都是球迷追捧，有人说你是麦当劳大叔，对此你有什么感想？""我正在考虑开一间快餐店。"这是姚明机智的回答。

面对记者问起自己一言难尽的NBA第一年，姚明给出了一个令人叫绝的比喻："这就好比学开车。光坐在车上看别人开，你永远也学不会。只有自己亲自感觉油门，你才能知道哪一脚油给大了，什么时候该踩刹车。"

智慧传承

姚明在任何场合都能妙语连珠，这种幽默，便是生活的智慧。当你真正地理解了自己的生活，懂得去品味他人的生活，在自己的思维中，你会洞察到许多生活的奥妙，你会懂得很多时候，用幽默的方式调侃和宽慰自己以及他人，恰恰是对待生活的最佳方式。

父亲上的一堂人生课 ▶▶▶

如果你不懂得汲取那些教导之言中蕴藏的巨大智慧，你的求知过程必定会迷茫而艰辛。

国际电影巨星阿诺德·施瓦辛格于1947年7月30日出生在奥地利格拉茨的特尔村，父亲是一位警长，更是施瓦辛格的人生导师。十岁生日那天，父亲让儿子说出自己的人生理想。小施瓦辛格面对生日蛋糕上的蜡烛许下了三个愿望：第一，成为世间最强壮的人；第二，成为成功的商人；第三，成为出色的政治家。警长父亲得知儿子的志向后，心里非常高兴，但是，他并没有像其他许多父亲那样把尽可能多的赞美之词献给儿子，而是给儿子讲了一个故事：

"在美国费城的纳尔逊学院门口竖立着两尊雕塑：一只鹰和一匹马。那只鹰，低垂脑袋，身形萎缩；而那匹马，双目微睁，皮开肉绽。纳尔逊学院为什么要竖立起这样两尊奇怪的雕塑呢？

人们迷惑不解，于是有位年轻的学子去询问纳尔逊学院的院长。

院长先生指着那只鹰说："这只鹰在很小的时候，就向往着像其他的鹰一样搏击长空，翱翔四方。于是它开始练习各种飞翔的本领，经过刻苦地学习之后，鹰终于掌握了许多高超的飞翔技能。不久，鹰迫不及待地展翅飞向蔚蓝的天空。它飞呀飞，一会儿滑翔，一会儿俯冲，一会儿盘旋，展示着各种飞翔的技巧，它飞过很多地方，尽情地领略天空的广阔，大地的秀美。它为自己的成功感到自豪、骄傲。终于，鹰飞累了，感到很饥饿，可是面对着地上奔跑的兔子和田鼠，鹰不知道该怎样去捕获它们，因为过去它除了学习飞翔之外，根本就没有学习过捕食的本领。傍晚，鹰终于筋疲力尽，伏在一处山崖上无力动弹，活活饿死。"

"那匹马又是怎么回事呢？"年轻的学子问道。院长先生继续说："那是一匹自负的马。本来这匹马生活在一个磨坊主家，成天拉磨，马觉得委屈，它想，我是一匹善于奔跑的马，怎么能成天拉磨呢？于是，马跑到上帝那儿抱怨。结果上帝把马安排到一个农夫家，农夫只是不时地让马拉着车子运些粮食和杂物，马觉得这日子不错。但是没过多久，马又开始抱怨在农夫家里吃得太差，因为农夫总是拿点枯草喂它。于是，上帝又给它换了一个能够吃得好的人家——皮匠家。皮匠餐餐拿着香喷喷的营养丰富的豆渣给马吃，也不让马干活儿，还每天给它洗刷皮毛。马惬意极了。可是不久，皮匠把马绑在木桩上，一刀结果了它的性命，剥下它那质地优良的皮。"

父亲告诉施瓦辛格："这故事告诉人们，一个人不仅要有理想，更要学会生存，一是要懂得生存的基本技能；二要懂得生存的法则。那就是：一个人首先做好手头上正在从事的工作，在没有干好之前，永远不要抱怨。"

施瓦辛格一直牢记着父亲给他上的这一堂人生课，并时刻以此指导着自己的生活。为了生存，他刻苦学习安身立命的生存技能，以优异的成绩获得了威斯康星大学的商科学士学位，还深入研究希尔博士创立的"创富心理学"，通过经营房地产赚取了人生第一桶金，成为百万富翁。他从来不抱怨命运，而是埋头干好所从事的每一项工作。练习健美的时候，他每周练习七天，每天六小时，前后共获得过一届国际先生、五届环球先生(世界健美冠军)与七届奥林匹克先生的荣誉，这一奇迹在健美界是空前绝后的。21岁移居美国后，他在电影界的成就，更是人所共知。他在银幕上塑造的许多经典的人物形象让人为之疯狂，他也终于成为了国际巨星。他写书，一问世便抢购一空；他从事公益事业，获得过老布什总统颁发的"国民领袖奖"；2003年11月17日宣誓就任加利福尼亚州第38任州长以后，他为了加州经济的繁荣与发展更是殚精竭虑。

<table>
<tr><td>智慧传承</td><td>每个人的学习过程，都不缺少教诲我们的人，但那些教诲被我们当做了什么呢？烦人的唠叨、恼人的责备还是不负责任的胡言乱语呢？施瓦辛格将父亲讲述的一个小故事牢牢记在心里，将父亲的教诲当做是自己一生的指导，他因此而在人生的每一步都走得坚实而辉煌。一个人想要获得成功，怎么可以不去重视别人的教诲呢？</td></tr>
</table>

一句话俘虏一位将军 ▶▶▶

狄斯雷利只用了一句话，就俘虏了将军的心。

狄斯雷利是英国19世纪70年代的著名首相，他曾经只用了一句话，就使一位难缠的将军变成了自己最忠实的下属。

这位将军，在军界威望很高。但是，在上流社会的聚会中，他从来没有被重视过，心中很不是滋味。他认为问题的关键只是在于自己没有贵族的头衔，于是这位将军多次向狄斯雷利提出请求，希望得到男爵封号。

狄斯雷利深感压力巨大。因为尽管将军建有军功，但是还不足以获得加封，可是，他的确有才，又在军中颇具影响力。作为新任首相，要想施行新政，没有来自军队的支持肯定不行，如果明确拒绝将军，一旦惹怒了他，后果肯定极为不利。狄斯雷利左右为难，努力寻找着两全其美的解决办法。

不久，白金汉宫举行派对，社会名流云集。狄斯雷利忽然灵机一动，终于想出了一个好主意。那天，狄斯雷利满怀敬佩之情，以首相的身份向大家隆重介绍了这位将军，他说："他是我见到的最淡泊名利的将军，我曾多次请他接受男爵封号，但都被他婉言谢绝了。"

听到这样的评价，众人都认为将军谦虚无私，值得尊重。很多贵族纷纷主动上前向他敬酒，这种礼遇远远超过了任何一位男爵所得到的尊敬。将军满心欢喜，由衷地感激狄斯雷利。从此，他决心永远效忠于这个给他尊严和荣誉的首相。

狄斯雷利在众人面前"避实就虚"、故意"混淆是非"，给将军戴上一顶"淡泊名利"的帽子，既封堵了将军再次索要封爵的后路，又在众人面前让将军赚足了面子，使他的虚荣心得到极大满足，从而巧妙地解决了困扰自己的两难问题。

智慧传承

良言一句暖人心，恶语伤人六月寒。说话也是一种智慧，说话也是讲究对象场合的，有的人可以进行语言交流，如果不与别人交流，那就失礼于人了；反之，不可以去进行语言交流的人，你却贸然去交谈，那就会说错话。由此看来，与人打交道，有些时候，口吐莲花实为上策，不仅于己无伤，更重要的是能够熨帖别人，赢得满堂馨香。那又何乐而不为呢？

主题班会：讲英雄，爱祖国

【活动主题】讲英雄，爱祖国

【活动目的】通过此次中队集会，让学生对中国的革命烈士和民族精神有进一步的了解，从而引发对"新"、"旧"家乡、祖国变化的思考，结合自己的身边实际，珍惜感恩现在身边来之不易的美好生活。

【活动日期】_____年_____月_____日

【班级人数】_____人

【缺席人数】_____人

【活动流程】

1.看PPT，感受家乡的变化

男：下面，让我们来看一看老师找到的一些关于我们家乡新旧变化的图片。(老师用家乡老照片、新照片的对比，用问答的形式让学生们感受到时代的变迁、生活的变化)

2.同学讲革命故事《刘胡兰》

女：清晨，当太阳刚刚从东方升起的时候，伴着雄壮的国歌，在北京天安门广场，五星红旗冉冉升起。祖国大地上处处有您，高高飘扬的五星红旗。共和国的五星红旗为什么这样红？（全班齐答）烈士的鲜血染红了它。没有千百万革命先烈流血牺牲，就没有今天的新中国；没有千百万革命先烈流血牺牲，就没有今天幸福的生活。请欣赏故事表演《刘胡兰》。

3.合唱《歌唱二小放牛郎》

　男：他的脸上含着微笑，他的血染红了蓝的天。秋风吹遍了每个村庄，他把这动人的故事传扬。每一个村庄都含着眼泪,歌唱着——

　　（全班齐说：二小放牛郎）

　女：让我们一起用歌声来悼念这位革命小英雄——放牛郎王二小吧。

4.学生讲长征故事《毛主席带领红军战士爬雪山》

　女："红军不怕远征难，万水千山只等闲。"让我们对不畏千难万险的红军战士表示由衷的敬佩。

　男：让我们在这个红色的9月里，一起重温那段红色的历程，一起追忆那段红色的历史，一起学习长征英雄的精神。

5.男生诗朗诵《请英烈们放心》

　男：一个个故事，说不完我们的思念；一首首赞歌，说不完我们的崇敬。是英烈们用美好的青春，用闪光的年华，迎来了春天，迎来了光明。让我们全体男同学用最美的诗歌表达我们对英烈们的崇敬。请欣赏诗歌朗诵《请英烈们放心》。

6.女生诗朗诵《我爱我的红领巾》

　男：红领巾，一个充满朝气与活力的名字，为我成长指航向。

　女：少先队，一个令我们骄傲与自豪的名字，为我人生树榜样。

　男：亲爱的少先队员，你们可知道，

　女：红领巾是国旗的一角，是烈士的鲜血染红。

男：啊！红领巾，是先烈传给我们的火炬，光华四射，永远不熄。

女：老师们，放心吧，我们决不辜负胸前飘扬的红领巾。请欣赏我们女同学的诗朗诵《我爱我的红领巾》

7.快板《祖国知多少》

齐唱《世上只有妈妈好》第一段（放PPT）

男："长在妈妈的怀抱里，幸福少不了。"同学们，每当我唱起这首歌，心中就溢出一种幸福之感，漾起一股对妈妈的爱。我们每个人都有妈妈，妈妈养育了我们，我们爱自己的妈妈，也了解自己的妈妈。

女：可是，同学们，作为中华民族的后代，我们还有一位共同的、更伟大的母亲——祖国，她哺育所有的炎黄子孙，她给每个儿女厚爱。那么，作为她的儿女，我们对她有多少了解？让×××的快板来告诉你。

8.全班《祖国颂》

A学生：我的祖国，是雄伟的泰山长城；

B学生：我的祖国，是浩荡的黄河长江；

C学生：我的祖国，是优雅的唐诗宋词；

D学生：我的祖国，是鲜艳的五星红旗！

E学生：流泪的时候，是祖国给我们坚实的依靠；

F学生：受伤的时候，是祖国给我们栖息的家园。

齐：昨天，先烈们以生命陪祖国一同走过霜寒的日子，今天，我们以汗水和祖国一同迎来辉煌的明天！

男女：让我们一起歌唱祖国。（放音乐）

9.指导员讲话

10.结束部分

男：走过耕耘的日子，走进收获的季节；

女：走过昨天的坎坷，走向明天的希望。

男：改革的强音，在祖国大地上泛起层层涟漪；

女：在亿万炎黄子孙的心中凝结一个主题：

合：祖国，你是我们伟大的母亲。

女：祝愿祖国生日吉祥！国泰民安！繁荣昌盛！

男："讲英雄，爱祖国"主题班会到此结束，谢谢！

【活动总结】

　　着重以学生眼中"新"、"旧"家乡的比较，通过诗朗诵、唱歌、话剧等多种丰富的活动形式激发学生的爱国主义情感，引导学生珍惜感谢生活，感谢祖国的美好情感。

Wise juvenile

　　幸福来自于生活的智慧，你懂得找到平和的心态，懂得在世事纷扰中找寻属于自己的舒适；懂得爱要多付出一些，才能收获一些；懂得了享受生活的苦与乐，就找到了幸福。快乐来自于生活的智慧，你懂得感受生活的单纯，懂得爱会比恨少一些，懂得理解，懂得用心体会，放心去爱，你就会快乐。健康来自于生活的智慧，你懂得调节自己的情绪，让自己平和；你懂得让生活也由规律这个词来限制，你就会找到健康。

比金钱更恒久的财富 ▶▶▶

金钱总有被挥霍一空的那一天，但朋友可以受用终生。

有一个美国富翁，一生商海沉浮，苦苦打拼，积累了上千万的财富。有一天，重病缠身的他把十个儿子叫到床前，向他们公布了他的遗产分配方案。他说："我一生的财产共有1000万，你们每人可得100万，但有一个人必须独自拿出10万为我举办丧礼，还要拿出40万元捐给福利院。作为补偿，我可以介绍十个朋友给他。"他最小的儿子选择了独自为他操办丧礼的方案。于是，富翁把他最好的十个朋友一一介绍给了他最小的儿子。

富翁死后，儿子们拿着各自的财产独立生活。由于平时他们大手大脚惯了，没过几年，父亲留给他们的那些钱，就所剩无几了。最小的儿子在自己的账户上更是只剩下最后的1000美元，无奈之时，他想起了父亲给他介绍的十个朋友，于是决定把他们请来聚餐。

　　朋友们一起开开心心地美餐了一顿之后，说："在你们十个兄弟当中，你是唯一一个还记得我们的，为感谢你的浓厚情谊，我们帮你一把吧！"于是，他们每个人给了他一头怀有牛犊的母牛和1000美元，还在生意上给了他很多指点。

　　依靠父亲的老友们的资助，富翁的小儿子开始步入商界。许多年以后，他成了一个比他父亲还要富有的大富豪。并且他一直与他父亲介绍的这十个朋友保持着密切的联系。他就是美国巨商

弗兰克·梅维尔。

成功后的梅维尔说："我父亲曾告诉过我，朋友比世界上所有的金钱都珍贵，朋友比世界上所有的财富都恒久。这话一点也不错。"

在这个世界上，金钱能给人一时的快乐和满足，但无法让你一辈子都拥有。而友谊和朋友却能给你一生的支持和鼓励，让你终身拥有快乐、温馨和富足。

好朋友是人生中一笔最大的财富，也是一笔最恒久的财富。

智慧传承

弗兰克·梅维尔最终能够成为富翁，是因为爸爸把朋友留给了他。就像文中所说的，好朋友是人生中一笔最大的财富，也是一笔最恒久的财富。

当然我们结交的朋友不可能每一位都是富有的，他们给我们的帮助也绝对不是弗兰克·梅维尔得到的那种物质的帮助。但是他们给我们的精神支持，却是一个人可以在这世界上能够获得极其珍贵的真情之一。所以，我们必须知道，朋友的价值，除了可以让你获得更多帮助，还可以让你有自己的生活圈子，有自己的交际空间，让我们的心灵有一个依靠。

为了尊重，不谢幕 ▶▶▶

尽管错失了冠军，但他们仍然坚持为了一份尊重，不谢幕。

我曾应邀担任某校园艺术节的评委，观看了一台精彩的文艺演出。而最令我感动的是那曲没有谢幕的二胡演奏。

当红色的幕布徐徐开启，10个手执二胡的少年已经端坐在舞台中央。琴声渐起，他们为大家演奏的是二胡名曲《赛马》。时而悠扬、时而激昂的琴声，把草原上万马奔腾的气势表现得淋漓尽致。

演奏结束了，全场观众报以雷鸣般的掌声。按照惯例，这时候，演奏的小演员应该起立向观众鞠躬谢幕，然后依次退场。可是这群小演员端坐不动，只是报以灿烂的笑容，直到幕布徐徐拉上。这时，我听到观众席上传来阵阵骚动，评委之间也有人交头接耳。

《赛马》以0.1分之差屈居第二。我很替他们惋惜，如果不是因为谢幕出了问题，他们完全有实力拿第一。回后台的时候，我正好碰到他们的指导老师，我很坦诚地说出了我的想法，并不客气地向她指出："作为一名指导老师，不仅要教会孩子高超的琴艺，还要让孩子懂得尊重观众。"指导老师笑笑说："我确实这样教过孩子，而且以前我们也一直在演奏结束后向观众鞠躬致敬的。"

"那为什么现在不这样做呢？"我疑惑不解。

指导老师用手指指坐在化妆间门口的一个孩子说："看到那个孩子了吗？去年因为车祸他右腿残疾，身体恢复以后坚持参加演出。每次演出结束谢幕，他都努力坚持起立向观众致谢，但有很多次都站不稳，尤其是退场的时候，他不能像其他孩子一样健步走下舞台。为了不让他感到尴尬和自卑，所以我们决定，只要有他参加演出，我们就不用谢幕。虽然我们因此错失了冠军，但这样的做法我们不会改变。"

听着指导老师的话，我忽然心生感动。他们不谢幕，不是因为不懂得尊重观众，而是为了不把自卑的阴影像尘埃一样落在那个腿脚不便的同伴的心灵上。在他们的心里，比任何人都懂得"尊重"。

智慧传承 　　在我们的生活里，"尊重"这个词，常常被提起，但真正理解了尊重这个词的，却是那些不谢幕的孩子。为了尊重，孩子们不谢幕，就是一种体谅他人的表现。生活中，我们更应该时时刻刻替他人着想。

幸福在哪里 ▶▶▶

坐轿子的人未必幸福，抬轿子的人未必不幸福，不要以自己的标准去武断地判定他人的幸福，因为不一定准确。

当时正值夏天，四川的天气非常闷热。罗素和陪同他的几个人坐着那种两人抬的竹轿上峨眉山。山路非常陡峭险峻，几位轿夫累得大汗淋漓。作为一个思想家和文学家的罗素，面对此情此景，没有心情观赏峨眉山的景观，而是思考起几位轿夫的心情来。他想，轿夫们一定痛恨他们几位坐轿的人，这样热的天气，还要他们抬着上山，甚至他们或许正在思考，为什么自己是抬轿的人而不是坐轿的人？

罗素正思考着的时候，到了山腰的一个小平台，陪同的人让轿夫停下来休息。罗素下了竹轿，认真地观察轿夫的表情，很想去宽慰一下辛苦的轿夫们。

但是，他看到轿夫们坐在一起，拿出烟斗，有说有笑，讲着很开心的事情，丝毫没有怪怨天气和坐轿人的意思，也丝毫没有对自己的命运感到悲苦的意思。他们还饶有趣味地给罗素讲自己家乡的笑话，还给这位大哲学家出了一道智力题："你能用11笔，写出两个中国人的名字吗？"罗素承认不能。轿夫笑呵呵地说出答案："王一、王二。"他们在交谈中不时发出高兴的笑声。罗素陡然心生一丝惭愧和自责，我凭什么去宽慰他们？我凭什么认为他们不幸福？后来，罗素在他的著作中讲到了这个故事。而且，他因此得出了一个著名的人生观点：用自以为是的眼

光看待别人的幸福是错误的。

是的，坐轿子的人未必是幸福的，抬轿子的人未必不是幸福的。我们可以让自己的生活充满喜悦，我们也可以让自己的生活丰富多彩。那些真正找到人生幸福的人，不是因为做了大官，发了大财，有了大学问，而是因为他们拥有一颗健康乐观的心，因为他们会用这样的心去体验幸福。

人生幸福，原来就在我们每一个人的心中。

智慧传承

对于罗素来说，自己坐在轿子上，而轿夫却忍受着太阳的炙烤，汗流浃背地抬着他拾级而上，他根据自己的推断认定轿夫是不幸福的。但事实上这种站在自己认知角度上的推断是错误的，对于轿夫而言，抬轿子，是他们的工作，能够获得工作的机会，就是幸福的。

所以，在任何时候，不要轻易去同情谁，同情有的时候是对快乐人生的一种亵渎。懂得平等地享受幸福，才能够理解幸福。

抱着鞋倒着走 ▶▶▶

求知的过程，就是一个跋涉的过程，这个过程中，需要你用勇气和智慧去探索方向。

在十四岁时，我念初一。哥哥是从我读的这所中学走进大学校门的，老师起初对我特别关注，后来却慢慢变冷淡了。

有一天，数学老师摸着我的头问："黄显江是你亲哥哥吧？"我默默地点点头。老师含笑摇着头说："你可没你哥聪明，你哥考上了大学，你呀……"老师没往下说。

那一刻，我才明白各科老师对自己日渐冷淡的原因。从此我暗暗在心里跟哥哥较劲，发奋苦读，成绩开始逐步靠前。

临近毕业的一天，我把考试成绩带回家，父母看了非常高兴。第二天早晨，我穿上母亲奖励的新鞋——因为家贫，平时我总是穿哥哥的旧衣、旧鞋——美滋滋地跨出家门，一路上感觉双脚特别轻快。

　　走着走着，迎面吹来阵阵凉风，要下雨了。我赶紧掏出书包里的小塑料布，披在背后绕着脖子打个结，护住书包。风渐渐地大了，雨在前面噼里啪啦地逼近。我紧跑几步，低头看看刚穿上的新鞋，实在舍不得被雨淋湿，踩得一脚泥水，就脱下鞋，两只鞋底扣在一起，塞进怀里抱住，光着脚向前走。

　　风越吹越猛，雨越下越大，顺着我的领口往里灌，眼看就要淋湿怀里的新鞋子了。我转过身，抱紧鞋，瞄着路边的庄稼，倒着一步一步向前走。雨哗哗地打在我身后，雨水从后领口灌到脊背上，直往下淌，好在书包有小塑料布盖着。

　　我低着头，用弯曲的身体抵抗着风雨。一不小心，我向后迈出的右脚掉进了坑里，没过了膝盖，才知道走偏了。我拔出腿，

退回路中间，继续抱着鞋，倒着走。

雨渐渐停了，我从怀里掏出干爽的新鞋，心里有着说不出的高兴。

我光着脚走进了校园，在教室外拧了拧裤腿上的水，洗干净脚，才重新穿好鞋。

进教室后，老师惊讶地问我，鞋为什么那么干爽。我如实对老师说："我是抱着鞋，倒着走来的。"同学们发出一阵嘻嘻的笑声。

老师严肃地盯着我看，不断地默默点头。我心里直发毛，心想自家贫寒才做出这等可笑的蠢事。一会儿，我看见老师在黑板上重重地写下了这样一行字：向前走的方式不仅仅有一种，征服风雨不能依靠雨伞，要靠自己。

许多年过去了，那次在风雨中抱着鞋，倒着走的独特方式，每次回想起来，总会让自己周身迸发出一股劲，勇敢面对人生的风雨。

智慧传承

　　每个人的学习过程都不可能是一帆风顺的，人都说学习是个苦差事，这一点也没有错。面对学习过程中的风雨艰辛，只能靠我们自己。作者为了保护自己的新鞋，他选择光着脚，倒着走。这种看似有些滑稽的方式，却是他独立面对困难时表现出的智慧和勇气。

　　迎着学习这条路上的风风雨雨，我们需要怀抱着以往的成绩，靠自己的力量，以自己的方式，勇敢地向前走，面对挑战，战胜困难。

鹅卵石与钻石 ▶▶▶

鹅卵石与钻石的区别，只在于今夜和明晨。

一天晚上，一群游牧部落的牧民正准备安营扎寨休息的时候，忽然被一束耀眼的光芒所笼罩。他们知道神就要出现了。因此，他们满怀殷切地期盼，恭候着来自上苍的重要的旨意。

最后，神终于说话了："你们要沿路多捡拾一些鹅卵石，把它们放在你们的马褡子里。明天晚上，你们会非常快乐，但也会非常懊悔。"

说完，神就消失了。牧民们感到非常的失望，因为他们原本期盼神能够给他们带来无尽的财富和健康长寿，但没想到神却吩咐他们去做这件毫无意义的事。但是不管怎样，那毕竟是神的旨意，他们虽然有些不满，但是他们仍旧各自捡拾了一些鹅卵石，放在他们的马褡子里。

就这样，他们又走了一天，当夜幕降临，他们开始安营扎寨时，忽然发现他们昨天放进马褡子里的每一颗鹅卵石竟然都变成了钻石。他们高兴极了，同时也懊悔极了，后悔没有捡拾更多的鹅卵石。

智慧传承

　　每个人都有机会捡拾到鹅卵石，但很多人不懂得珍惜这些小小的成绩，当转身发现这些小小的成绩就是成功本身时，反而后悔自己没有多捡一些。

　　人生的磨难，不都是痛苦的样子，那些不珍惜带来的懊悔，也是我们需要经历的磨难。当你懂得珍惜随手可得的东西时，珍惜你所拥有的一切时，你的人生会出现更多闪光的金子。

危险的标准答案 ▶▶▶

走出书本的限制，才是学习的真正目的。

在"二战"时，美国军方委托著名的心理学家桂尔福研发了一套心理测验，希望能用这套东西挑选出最优秀的人来担任飞行员。结果很惨，通过这套测试的飞行员，训练时的表现相当出色，可是一上战场，所驾驶的飞机大多都被击落，死亡率非常高。

桂尔福在反思时发现，那些战绩辉煌、身经百战打不死的飞行员，多半是那些退役的"老鸟"挑选出来的。他非常纳闷，为什么精密的心理测试却比不上"老鸟"的直觉呢？其中的问题在哪儿呢？

桂尔福向一个"老鸟"请教，"老鸟"说："是什么道理，我也说不清。不如你和我一起挑几个小伙子看看，如何？"桂尔福同意。

第一个年轻人推门进来，"老鸟"请他坐下，桂尔福在旁观察、记录。

"小伙子，如果德国人发现你的飞机，高射炮打上来，你怎么办？""老鸟"问。

"把飞机飞到更高的高度。"

"你为什么要这么做？"

"《作战手册》上写的，这是标准答案啊，对吗？"

"正确，是标准答案。恭喜你，你可以走了。"

"长官，只有一个问题吗？没有其他要问的吗？"

"你没有问题，接下来的问题是我们的。"

"是的，长官！"

第一个"菜鸟"走出去后，进来第二个"菜鸟"。他刚一坐下，"老鸟"问了同样的问题："小子，如果该死的德国佬发现了你的飞机，高射炮打上来，怎么办？"

"呃，找片云堆，躲进去。"

"那么，如果没有云呢？"

"向下俯冲，跟他们拼了！"

"你找死啊？"

"那摇摆机身呢？"

"是你开飞机还是我开？书，你都没看？"

"长官，你说的是《作战手册》吗？"

"对，难道叫你看《灵犬莱西》？"

"《作战手册》我看过，但太厚，有些记不清。长官，我爱

开飞机，我要替美国开飞机。但读书对我就像读食谱。"

　　"什么意思？"

　　"我煎蛋、煎牛排都行，但要我像讲食谱那样讲出一二三，我就搞不懂了。"

　　"好，你可以下去了。"

　　"长官，我是不是说错了什么？"

　　"'菜鸟'，现在不要问问题。"

　　等"菜鸟"走出门，"老鸟"转过身来问桂尔福："教授，如果是你决定，你要挑哪一个？"

　　"嗯，我想听听你的意见。"

　　"我会把第一个刷掉，挑第二个。""老鸟"说。

　　"为什么？"

　　"没错，第一个答的是标准答案，把飞机的高度拉高，让敌人的高射炮打不到你。但是，德国人是笨蛋吗？我们知道标准答案，他们不知道吗？所以德军一定故意在低的地方打一轮，引诱你把飞机拉高，然后他真正的火力网就在高处等着你。这样你不死，谁死？"

"噢，原来如此。""第二个家伙，虽然有点儿搞笑，但是，越是不按牌理出牌的小子，他的随机应变能力反而越好。碰到麻烦，他可以想出不同的方法来解决，方法越多，活命的机会就越大。像我这种真的打过很多仗没死的人，心里最清楚了，战场上发生的事，《作战手册》里不会有。只有一样跟书上写的一件事情相同。"

"哪件事？"

"葬礼。只有这件事和书里写得一字不差。打仗都靠背书，那你只能战死！"

桂尔福经此教训，重新改造他的测试。新的测试里有"如果你有一块砖头，请说出50种不同的用途"这类激发创意的问题。他的测试不但为美国选出了真正优秀的飞行员，他也因此创造了"创意测试"，成为了现代创意活动之父。

智慧传承

任何书本的标准答案，都只能是限制他们在实际中应对突发状况的智慧。在我们的学习中，我们将那些基本的原理和规律牢牢地把握之后，就需要我们用自己的智慧去解决难题，而不是模仿任何一个人给予你的标准答案。只有让自己学会不断地思考和应对，你才能够把知识变成自己的财富，才能让知识在自己的生活中得以应用。

退货 ▶▶▶

顾客是上帝，面对上帝的退货要求，总经理会怎么处理这个问题呢？

我有一位朋友，在云南经营着几家稍有规模的超市。因为所在地都建在二级城市，所以货物大多得从省会城市批发派送，如此一来，价格不但比大超市高，商品的种类也远不如大超市齐全。

可是，这并没有妨碍超市的生意火暴，每天他的超市都是顾客盈门，而且还有不少老顾客会介绍一些新顾客来光顾这里，据朋友介绍，其中还有一些老顾客是曾与超市发生过争执的人。这就让我百思不得其解：与超市发生过争执，怎么还会继续光顾超市呢？

有一天，发生了那么一件事儿，令我豁然开朗。一位中年妇女匆忙闯入内台，将抱于怀中的一床被子"啪"地扔到办公桌上，然后厉声要求退货。接待员是个小女孩儿，约摸十八九岁。

小女孩顿时被吓得哑然，结结巴巴地按程序问道："阿姨，请问您什么时候从这儿买的被子？"

　　"上周一！"妇人扯着嗓子喊道，一副巴不得把整个超市的顾客连同街上行人都一同叫唤进来的模样。想必她知道，商场最怕的便是顾客来这一招。

　　"阿姨，麻烦您出示一下小票。"

　　"多长时间了？你以为你们那小票是圣旨啊？我天天得揣在包里，放着、供着？"妇人一面唾沫横飞地说道，一面扬手摆臂，吸引围观者的注意。

　　大家应声而和，要求朋友所经营的超市退货，并且赔偿该有的损失。

　　朋友在二楼与我闲谈，观望着下面的局势。直到人潮鼎沸，他才缓缓地迈步下楼，将总经理的名牌从兜里掏出来，别于左胸之上。

　　"老板来了！老板来了！"人群纷纷涌动上前，让出一条狭窄的小道。

朋友带着微笑说："大姐，您好！我们超市售出的货物如果有质量问题，别说一个星期，三个月内我们都包退包换，但是您想想，您手里的商品，全镇就有13家超市在出售，您没有任何购买凭证，我们怎么按条例给您退换呢？假如您是老板，您会怎么做呢？"

人群中有一些人发出了认同的感慨。妇人虽有些气短，可还是不愿就此善罢甘休。朋友双手捧过被子，呈递到妇人手中，和善地说："大姐，被子我们是不可能给您退了，不能坏了规矩。但是，今天您可以随便在我们超市挑选一件同等价位的商品，算我送您的！您看，您给我引来了这么多的顾客！"

妇人大抵是有些不好意思，瞬间红了脸。

我问朋友，你难道不怕因为开罪于她而失去潜在的上万名顾客吗？

他笑笑，附耳说道："顾客是上帝，但是上帝有时也会犯错误。我们不能一发现上帝的一点毛病就揪着不放，只有宽容，才能解决一切，才能获得上帝的认同，才能与上帝和谐相处啊！我相信，这位大姐也一定会成为我的下一个忠实顾客的！"

智慧传承

面对这样蛮不讲理的顾客，如果咄咄相逼，失去的不仅仅是一个顾客，也会让周围众多围观的顾客对商家失去信心。选择宽容，则不仅留住了这一个顾客，也让众多顾客看到了自己的待客之道。两者相比，哪个更有利呢？

观音是自己 ▶▶▶

求人不如求己，你就是自己的观音。

一位哲人说："你的心志就是你的主人。"有这样一个故事：有个人遇到了难事，便去寺庙求拜观音。当他走进庙里猛然发现观音像前也有一个人在拜，那人长得和观音一模一样。

于是便问："你是观音吗？"

那人答道："是。"

"那你为何还拜自己？"

观音笑道："因为我也遇到了难事，可是我知道，求人不如求己。"

在以培养杰出推销员而著称于世的美国布鲁斯学会里，每当学员毕业时，学会都会设计一道最能体现推销员能力的题目，让学员去完成。

在克林顿当政期间，他们出了这么一个题目：请把一条三角裤推销给现任总统。八年间，有无数个学员为此绞尽脑汁，但最后都无功而返。

在小布什总统任职时，布鲁斯学会把题目换成：请把一把斧子推销给现任总统。

面对这道题目，许多学员知难而退。然而，一名叫做乔治·赫伯特的学员却迎难而上。他给布什总统写了一封信。他说，"有一次我有幸参观您的农场，发现里面长着许多树，有的已经死掉，您一定需要一把斧头去砍掉它们。现在我这儿正好有一把我祖父留给我的斧头，很适合您的体力去砍伐枯树，假如您有兴趣的话，请按这封信的地址给我汇15美元来。"

他获得了成功，总统给他汇来了15美元。人们问他怎么做到的，他说，我没有社会关系，所以我只能去了解观察，他总有一处需要用到斧头的。

> **智慧传承**　　求人不如求己，一遇到问题自己不假思索就到处找人帮忙，那他永远没有进步。很多人都以为神的力量是无穷的，能帮助我们解决所有问题，但其实真正的神在我们心中，独立思考的力量才是无穷的。

沉淀自己 ▶▶▶

把痛苦像泥沙一样沉淀下去，剩下的就是上面的好心情。

麦克失业后，心情糟透了，他找到了镇上的牧师。牧师听完了麦克的诉说，把他带进一个古旧的小屋，屋子里一张桌上放着一杯水。牧师微笑着说："你看这只杯子，它已经放在这儿很久了，几乎每天都有灰尘落在里面，但它依然澄清透明。你知道杯子为什么不浑浊吗？"

麦克认真思索后，说："灰尘都沉淀到杯子底下了。"牧师赞同地点点头："年轻人，生活中烦心的事很多，就如掉在水中的灰尘，但是我们可以让它沉淀到水底，让水保持清澈透明，使自己心情好受些。如果你不断地振荡，不多的灰尘就会使整杯水都浑浊一片，更令人烦心，影响人们的判断和情绪。"

有一年夏天，俞敏洪老师沿着黄河旅行，他用瓶子灌了一瓶黄河水。泥浆翻滚的水，被灌到水瓶里十分浑浊。可是一段时间后，他猛然发现瓶子里的水开始变清，浑浊的泥沙沉淀下来。上面的水变得越来越清澈，泥沙全部沉淀后只占整个瓶子的五分之一，而其余的五分之四都变成了清清的河水。他透过瓶子，想到了很多，也悟到了很多：生命中幸福与痛苦也是如此，要学会沉淀生命。

沉淀生命，沉淀经验，沉淀心情，沉淀自己！让生命在运动中得以沉静，让心灵在浮躁中得以片刻宁静。把那些烦心的事当作每天必落的灰尘，慢慢地、静静地让它们沉淀下来，用宽广的胸怀容纳它们，我们的灵魂兴许会变得更加纯净，我们的心胸会变得更加豁达，我们的人生会更加快乐。

智慧传承　　在我们周围之所以有的人感觉生活是痛苦的，而有的人更幸福，区别在于人们能不能忍耐痛苦、沉淀自己。其实痛苦只是暂时的，我们只需要静下心来，耐心等待，痛苦总会慢慢沉淀，到时我们的心又会如杯里的水般澄清透明。

地震来时，你躲在哪里 ▶▶▶

拯救生命，需要还原真实的生活。

地震来时，你会躲在哪里？如果你依照小时候老师教我们的方法乖乖躲在桌子底下、床铺底下，那么，你的伤亡率，也许高达98％！

那该怎么办？

美国国际搜救队长示范了正确的躲避位置。

道格卡普是美国国际搜救队长，自1985年至今，他以及他的队员已经参与了全世界79次重大灾难的救援工作，他曾经爬进近700栋因为地震、爆炸而严重倒塌的建筑物内搜查受困的生还者以及罹难者的遗体。除了参与当年日本神户大地震及美国俄克拉荷马市联邦大楼爆炸案搜救工作，多年来国际新闻中的重大灾难救灾，他都没缺席。

人们从小到大，在防地震演习中，老师总是叫学生躲在课桌

下。道格得知这点后，很焦急地一再呼吁：不要躲在桌子、床铺下，而要以比桌、床高度更低的姿势，躲在桌子床铺的旁边。他以先前和土耳其政府、大学合作拍制的地震逃生录像带，来说明不要躲在桌下避震的道理。透过土耳其政府的协助，制作单位爆破了一栋废弃大楼，仿真地震时建筑物倒塌的情形，工作人员先依据"常识"，在桌子床铺等家具下，放置10具模特儿，他和他的搜救队员在桌子床铺等家具旁，同样放置10具模特儿。炸药引爆后大楼变成断垣残壁，他和搜救队员依序找到20具模特儿，在桌床下的那10具模特儿有8具被压得全毁，其中1具甚至头、身、脚断成三截；他放置的10具模特儿，则全部安好无事。

他解释，建筑物天花板因强震倒塌时，会将桌床等家具压毁，人如果躲在其中，后果将不堪设想；如果人以低姿势躲在家具旁边，家具可以先承受倒塌物品的力道，让一旁的人取得生存空间。

　　道格说，即使开车时遇到地震，也要赶快离开车子，很多地震时在停车场丧命的人，都是在车内被活活压死的，在两车之间的人，却毫发未伤。

　　他很慎重地对在场的一百多位搜救队员说，搜救队员要在地震中先自己求得生存，活下来了，才能拯救他人性命。他说，希望大家互相转告，只要传播这么一点求生讯息，地震发生时，建筑物内的伤亡率，便可以由90%，骤降为2%。

智慧传承　地震、海啸、飓风、火灾等等这些灾难都是有可能出现在我们的生活中的，离我们最近的汶川地震清楚地告诉人类，想要逃离地球的惩罚，只能靠我们自己，所以，我们有必要知道一些求生知识。这些求生的知识就是一种生命的讯息，你不断地传递这种正确的自救方法，就是在无形中帮助更多的人逃离痛苦。

只有一个贝克汉姆 ▶▶▶

如果你觉得自己已经拥有属于成功的一切时，你必须懂得如何生活。

大卫·罗伯特·约瑟夫·贝克汉姆于1975年5月2日出生于伦敦东的莱顿斯通。从很小的时候起，他就喜欢踢足球。

外界首次听说大卫·贝克汉姆是在他刚刚十一岁时。大卫看到《蓝彼得》上提到鲍比·查尔顿足球学校，就问他的妈妈他是否可以去。接下来，他以1106分的最高分通过首轮竞争，最终又在5000名年轻的足球希望之星中脱颖而出，力拔头筹。即使是在那些早期的岁月，大卫也已经向世人证实了自己拥有令人啧啧称奇的有力的右脚。当他飞身掠过一个准确的定位角球，或是抬脚射出一记力大势沉、令守门员膝盖发软的任意球时，与他同龄的小伙伴们经常会目瞪口呆。

正如我们所看到的那样，大卫·贝克汉姆通过其非凡的天

赋，并辅以刻苦的训练，从而到达了足球世界的巅峰，他令人生畏的完美主义是任何一位未来球星的目标和榜样。然而那股帮助大卫·贝克汉姆成为世界上最伟大球员之一的力求完美的奋斗精神似乎也让他时不时地做出一些怪异的事情来。

ITV电视台播放的一部关于他的纪录片证实了他对细枝末节确实几乎是过度的关注。在那部纪录片里，大卫以引人注目的整洁形象出现。他家里的一切都必须整洁干净，一尘不染。只要哪个地方有一粒灰尘，他就会坐立不安，甚至当他下榻在酒店里，他也要确保房间里的一切都干干净净。伊恩·丹耶尔曾跟随贝克汉姆6个月之久，拍摄那部纪录片。他披露说："他明白这有点疯狂，不过他无法控制自己。"除此之外，人们还看到大卫只允许冰箱里的可乐罐成双成对，一切物品必须按彼此间最适合的角度摆放。而衬衫呢？必须严格按照标上色标的直线来分门别类地放置。丹耶尔又补充说："在一间酒店的客房里，我们看见大卫重新调整物件的位置，来满足他的强迫症。这是非常滑稽的事情：

只见他猛地向有线电视卡片扑过去，接着把它们都放进了一个抽屉。他把每样东西都收拾得井井有条，臻于完美。DVD播放机必须与电视桌的边缘保持水平。要是哪个女侍应生挪动了一杯水，他会烦躁不安，因为他不得不再把杯子放回原处。"

大卫有一个愿望，就是一旦退役，就拿出很长时间。他乐意拿出一年，也许更长的时间，来陪伴自己的家人，或许他会把注意力转移到维多利亚身上。"时间是最宝贵的，"他坚持说，"它转瞬即逝。你真应该充分利用它，从生活中汲取最大的快乐。退役之后，我要仔细想一想，我的余生究竟该如何度过了。不过，但愿这一天仍然还很遥远。在那之前，我还有许多奖杯要赢呢。"

智慧传承

人生的价值和意义，每个人都有自己不同的诠释，但是在贝克汉姆看来，他在事业上的天赋和成功，并不能构成他人生的全部，他追求完美，包括生活的完美；他追求幸福，包括自己家人的幸福和自己心情的愉悦。这种对待事业、家庭和幸福的认识，让我们看到了属于天才的人生智慧。

我不完美，但我快乐 ▶▶▶

维纳斯因断臂而美丽，这是一种残缺的美丽。

那是我在佛罗里达州大学读书的第一个学期，我总感觉浑身无力，无精打采，有时候甚至要很费力才能从床上爬起来，并且瘦了20磅。但因当时忙于紧张地复习功课和为佛罗里达州美国小姐比赛做准备，我顾不上关注自己的身体状况。

然而在决赛的那一天，我头晕、恶心，几乎晕倒在后台上。父母将我送到医院，并做了血样化验。

几天后，我被允许回到学校。期末考试就要到了，我必须把更多的时间放在复习功课上。

正在我埋头苦读时，电话铃响了。"尼科尔，你的血液化验结果出来了……"妈妈沉默了几秒钟，才开口说道，"你的血糖是509。""那意味着什么？"我不解地问。"宝贝，只有在126以下才是正常的。"妈妈极力掩饰着她的痛苦低声说。

又是一阵长长的沉默。妈妈艰难地告诉我："孩子，你得了糖尿病。"

"糖尿病？我怎么会得糖尿病？不，这不是真的。一定是搞错了。"

妈妈告诉我她所能为我做的一切。最后她对我说："孩子，你不得不回家好好休养。记住，不要吃太甜的东西，或许这样会好一些。"

会好一些吗？我挂断了电话，走到我那小冰箱前打开冰箱门。

哦，甜食，是我这个年龄的人喜欢吃的东西，也是我的最爱。难道以后我就要和它们说拜拜了吗？我再也不能享受这些美味了吗？我不信！我拧开两瓶苏打水，一口气全喝了下去，然后直奔自助餐厅。我在盘子里装满布丁、甜点和蛋糕，含着泪水全部吞了下去。那一夜，我不停地呕吐，直到失去知觉。第二天早晨，当我费力地睁开眼睛时，我发现自己又回到了医院。

"尼科尔，你必须接受现实，并使自己平静下来。"医生继续说，"你必须调整你的生活方式和饮食习惯，不然你的血糖会大幅度波动。糖尿病并不是不可治愈的。从现在开始，保持健康是你最重要的事情。"

"我的学业怎么办，还有我的比赛？"我问。

"学校的课程一般都很紧张，而你现在最重要的事是把血糖降下来，所以，你最好放弃学业。至于比赛，那就更不可能了。"

我跌落在病床上。"我的生命就此结束了。"我想。

一名护士让我的悲伤颓废情绪开始好转起来。"尼科尔，得了糖尿病并不是世界末日。"她拿了一个托盘放在我面前，托盘里面有一个注射器和一个橘子。"你以后要每天注射胰岛素，你要用这个橘子做试验学会自己给自己注射。记住，如果你接受了你的病，并能照顾好自己，你就能做你想做的任何事情。"我在橘子上扎了20多针后，才鼓起勇气在自己身上扎了第一针。

　　我休学了，回到佛罗里达西米诺尔镇我的家里。我一个星期去三次教堂，每天都在祈祷："上帝，救救我吧！如果你能将这病魔驱走，我将心满意足。"

　　上帝拒绝了我的请求，我决心要像没有得病时一样生活下去。我回到了学校，完成了学士学位，并继续攻读硕士学位。我疯狂地关注我的血糖，希望能看到期望的正常值，为此我付出了

许多努力，哪怕是最小的事情：多睡半小时，早餐吃少量的面包，午餐和晚餐吃同样的食物……

在学校，我只告诉几个人我得了糖尿病，我还继续参加选美比赛。我想，人们一定会认为选美获胜者是完美无缺的，所以我不能让任何人都知道我得了糖尿病。1997年，我获得了"苹果花"小姐选美赛的冠军，这意味着我将有资格参加弗吉尼亚小姐的比赛。如果赢了，我将被送去参加美国小姐的比赛。

我得知如果使用一种胰岛素泵，就不用再自己注射胰岛素了。但是，当我拿到那个胰岛素泵时才发现，无论我把它固定到腰带上还是身体的其他地方，人们都会看到，尤其是比赛时的裁判会看得更清楚。不，我不愿在这么多人面前使用这个东西。于是，我把它放回了原来的盒子里。

选美比赛如期进行，我坚持注射胰岛素，吃规定的食物，按时休息。但是比赛前夕的一个早晨，我又一次昏倒在地。当我睁开眼时，我躺在妈妈的怀里，医护人员围在我身边，赛事管理员凝视着我，我的早餐放在地上。

"妈妈，很多人都知道了吗?"这是我说的第一句话。

"不，没有人知道。"妈妈将我紧紧抱住。

我请求赛事管理人员允许我继续参加比赛，他们同意了。那几天，我想忘掉那个早晨，但是我忘不掉。我明白其实每个人都已经知道我得了糖尿病，我是一个有缺陷的选美小姐。最后，我终于鼓起勇气，把那个比寻呼机还大的胰岛素泵带在了身上。结果是，因为我的诚实，我赢得了这场比赛。

在参加美国小姐选美的大赛上，除了游泳之外，我一直带着我的胰岛素泵。我并不在意人们知道我有糖尿病。"这就是我，"我想，"我不完美，但我快乐。"

在主持人宣布获胜者之前，我一直都很平静，我的目标达到了。我想要做的，就是告诉自己以及和我一样被病魔缠身的人们：病魔并不可怕！

当1999年美国小姐的桂冠戴到我头上，我走向那些想认识我的人们时，我的心中充满了骄傲，还有什么比这更完美的呢？

赛后，有记者问我："得了糖尿病，你如何生活？"

"这是一种挑战。自从得了糖尿病，我懂得了很多。我知道，我是个坚强的人。"我回答。

智慧传承

　　天有不测风云，生活不可能一帆风顺，坦然面对不幸，既是成熟的表现，也有助于不幸的减缓。要相信时间可以抚平伤痕，时间可以减轻痛苦。同时，振作起来，集中精神，保持良好心态，采取积极行动，尽快走出困境。

　　生活像镜子，你对着它哭，它就哭；你对着它笑，它就笑。人生在世，犹如匆匆过客，难得的是那份自在和悠闲，难得的是那份静心和舒坦。把生活看透、看穿些，把日子看平、看淡些，你就会变得心平气和，成功便随之而来，生活的智慧莫过于此。

少先队活动：激扬的旋律、欢快的六一

【活动主题】激扬的旋律、欢快的六一

【活动背景】通过向家长、社会展示小学的"六一"活动，进一步塑造本校的良好形象。举行别开生面的入队仪式，使每位新入队的少先队员感受到自己的光荣，记住这个难忘的六一。各中队组织队员开展各种形式的表演活动，使学生度过一个愉快而有意义的六一。

【活动目的】通过开展庆祝"六一"系列活动，积极创设更多的机会，让每个孩子都能找到自己的亮点，以点带面，使每个孩子的个性得到飞扬，潜能得到充分的发挥，在积极的参与中体验成功、合作与交往的快乐，从而度过一个幸福、难忘的"六一"儿童节；使家长在参观和参与儿童的节日庆祝活动中，进一步感悟儿童教育的新观念，从而对如何教育孩子有所启发。

【活动日期】_____年_____月_____日

【班级人数】_____人

【缺席人员】_____人

【活动流程】

1.全体起立，升国旗、奏国歌、少先队员行队礼。

2.校长致词。

3.新生入队仪式：（分组进行）

  (1)出旗、敬礼、奏乐、唱队歌。

  (2)大队部组织委员批准新队员名单。

  (3)授队员标志，请老队员给新队员戴红领巾。

  (4)宣誓。

  (5)新队员代表发言。

  (6)呼号。

  (7)退旗、敬礼、奏乐。

4.表彰优秀少先队员并颁奖。

5.优秀少先队员代表讲话。

6.领导讲话。

7.少先队辅导员讲话。

8.教师代表发言。

9.庆"六一"文艺节目汇演。

小测试：测试你的自我管理能力

表示"肯定"的计"1"分，表示"否定"的计"0"分。

1.习惯于做事之前制订计划。

2.做事之前考虑他人的想法。

3.实现目标是解决问题的目的。

4.临睡前思考计划明天要做的事情。

5.有经常记录自己行动的习惯。

6.能每天检查自己当天的行动成果。

7.很注重每天的实际收获。

8.今天预先安排的计划不会拖延到明天。

9.习惯于在掌握有关信息后才制订目标和计划。

【测试结果】

0-2分：管理能力很差，但你具有较高的创造力。

3-5分：管理能力一般，但将情绪调整好会有很大改观的。

6-8分：管理能力较强，能很好地安排自己的计划。

9分：管理能力很强，有领袖的气势。

　　人生这个词太大，人生这段历程却很短暂，每个人匆匆而来，又匆匆而去。在慨叹人生时，我们应该懂得让自己的人生拥有更多的智慧，你的人生才会在这个世上留下痕迹，你走过的路，才会被别人记住。

　　人生需要自我把握，而人类的品质中，只有自己的智慧能够驾驭我们的人生，如果你能够用智慧找到人生的意义，告诉自己该怎样做，该怎样选择，该怎样放弃，你会发现，是智慧，在支撑一个完美的人生。

会忍耐就不会犯错 ▶▶▶

犹太人用自己的忍耐力，书写了一个民族顽强的历史。

犹太人可以说是世界上忍耐力最强的民族，如果没有这样一种坚忍不拔的忍耐力，他们绝不可能在经历了2000多年的流散和摧残而不灭亡。

据说，犹太史上最伟大的希雷尔就是一个堪称忍耐典范的人。不妨做一借鉴：一次，有两个人打赌，说好谁能让希雷尔发火，就可以赢400元钱。这天刚好是安息日前夜，希雷尔正在洗头。这时，其中一个人来到门前，大声喊道："希雷尔在吗？希雷尔在吗？"

希雷尔赶忙用毛巾包好头，走出门来问道："孩子，你有什么事？"

"我有个问题要请教。"

"那就请讲吧，孩子。"

"为什么巴比伦人的头是圆的？"

"你提出了一个重要的问题，原因在于他们缺乏熟练的产婆。"那个人听完，就走了。

才过一会儿，他又来了，大声喊道："希雷尔在吗？希雷尔在吗？"

希雷尔连忙又包好头，走出门来，问道："孩子，你有什么事吗？"

"我有个问题要请教。"

"那就请讲吧，孩子。"

"为什么帕尔米拉地方的居民都长烂眼睛？"

"你提出了一个重要的问题，原因在于他们生活在沙尘飞扬的地区。"那个人听完，又走了。

那个人第三次来时，问道："为什么非洲人长的都是宽脚板？"……这次那个人听完了，没走，又说道："我还有许多问题要问，但我怕惹您生气。"

希雷尔干脆把身上都裹好了，坐下来说："有什么问题，你尽管问吧。"

"你就是那个被人们称为以色列亲王的希雷尔吗？"

"不错。"

"要真是这样的话。真希望以色列最好不要有许多像你这样的人。"

"为什么呢？"

"因为为了你，我输掉了400元钱。"

希雷尔问明情况后，对他说："记住了，希雷尔是值得你为他输掉400元钱的，即使再加400元也不算多。不过，希雷尔是决不会发火的。"

希雷尔没有发火，恐怕我们倒要发火了。

忍耐是痛苦的，它压抑了人性本能的欢乐，赤裸着身躯在铺满荆棘的道路上滚爬，鲜血布满了脸也全然不顾。忍耐是人类最伟大的品质之一。学会忍耐，就是学会不做蠢事，就是学会不做那种一时痛快但终生遗憾的事。

因此，我们不仅有必要自己学会忍耐，也要经常注意到别人的忍耐。

智慧传承
一个人要获得成功，必须优秀，但一个真正优秀的人，必定拥有着可敬的气度与胸襟。当然，这种气度胸襟不是无原则的退让，忍耐是一个人有修养的表现。管理自己，就要管理好自己的承受力和忍耐力，就要努力让自己成为胸怀宽广、生命充满耐力的人。

成就独立的风景 ▶▶▶

遭遇嫉妒时，不是趋同别人，而是成为一道独立的风景。

一个名牌院校的毕业生参加工作后，充分施展自己的才华，创造了高出他人的效益。不料，竟惹起了众怒，纷纷杀他的锐气，无论是主管，还是老员工，都不放过任何一次给他穿小鞋的机会。

面对众人的被孤立，小伙子困惑了，思考着是否自己也要趋同别人呢？

老板知道他的想法之后，把他请到自己的办公室，给他看办公室整面墙上挂着的一幅风景画，那上面画了许许多多几乎一般高的各种各样的树，而在画的中间，那一排树的前面，有一棵挺拔的松树特别醒目，高高地耸向蓝天，那超凡脱俗的壮美真是令人震撼！

小伙子虽然震撼于这幅画带给他的冲击，但他却不明白老板

让他看这幅画用意何在。

老板拍了拍他的肩膀，对他说，一个渴望往上爬的小职员并不会嫉妒某个人一夜之间登上了总裁宝座，却对他的同事晋升为中层部门主管耿耿于怀；一个一心想发财的人并不嫉妒世上的亿万富翁，却见他的邻居发了点小财而心绪难平；一个爱出风头的人并不嫉妒诺贝尔和莎士比亚，却因他的朋友获得一次表扬而愤愤不平。成功者往往容易遭到同事、熟人乃至朋友的贬损，而在圈子之外却获得了承认。

人们嫉妒的并不是离自己很远的人，也不是那些远远超过自己的人，而是与自己有可比性、又略微比自己强一些的人。

小伙子终于明白了：没有必要为适应别人而改变自己。最好的选择，就是把自己的长处发挥到极致，出类拔萃，超越可比范围，成就独立的风景！

危险的森林里 ▶▶▶

很多人生的绝境，都需要用将一切置之度外的勇气和释然去度过。

一个人在森林中漫游时，突然遇见了一只饥饿的老虎，老虎大吼一声就扑了上来。他立刻用最快的速度逃开，但是老虎紧追不舍，他一直跑一直跑，最后被老虎逼到了断崖边。

站在悬崖边上，他想："与其被老虎捉到，活活被咬死，还不如跳入悬崖，说不定还有一线生机。"

他纵身跳入悬崖，非常幸运地卡在一棵树上。那是长在断崖边的梅树，树上结满了梅子。

正在庆幸之时，他听到断崖深处传来巨大的吼声，往崖底望去，原来有一只凶猛的狮子正抬头看着他，狮子的声音使他心颤，但转念一想："狮子与老虎是相同的猛兽，被什么吃掉，都是一样的。"

　　刚一放下心，又听见了一阵声音，仔细一看，两只老鼠正用力地咬着梅树的树干。他先是一阵惊慌，立刻又放心了，他想："被老鼠咬断树干跌下去摔死，总比被狮子咬死好。"

　　情绪平复下来后，他看到梅子长得正好，就采了一些吃起来。他觉得一辈子从没吃过那么好吃的梅子，他找到一个三角形的枝丫休息，心想："既然迟早都要死，不如在死前好好睡上一觉吧！"于是靠在树上沉沉地睡去了。

　　睡醒之后，他发现两只老鼠不见了，老虎和狮子也不见了。他顺着树枝，小心翼翼地攀上悬崖，终于脱离了险境。原来就在他睡着的时候，饥饿的老虎在上面按捺不住，终于大吼一声，跳下了悬崖。

两只老鼠听到老虎的吼声，惊慌地逃走了。跳下悬崖的老虎与崖下的狮子展开激烈的打斗，双双负伤逃走了。

智慧传承

这个同时遇到老虎、狮子和老鼠的人，就是处于苦难中的我们。这种苦难的境地总是表现出无路可走的样子，但事实上只要你不把它放在眼里，你的生活还可以继续，你的转机就在你释然的那一瞬间。

人生中，我们免不了要走入死胡同，但古语说车到山前必有路，痛苦和挣扎都只能让自己倍显可怜。只要你能够让自己看淡曾经拥有的和即将失去的，你就可以走出自己的困境。

贪婪是最大的悲哀 ▶▶▶

当金子像流星雨一样落下来时，你要懂得适可而止。

一个乞丐在大街上垂头丧气地往前走着。他的衣服旧得可以看见他的肉了，他的脸黄黄瘦瘦的，看起来很久没有吃过一顿饱饭了。他一边走，一边嘀咕着：要是能让我吃一顿饱饭该有多好啊！为什么我就这么穷呢！

正在此时，命运女神出现在乞丐的面前。乞丐揉了揉混浊的双眼，认出了命运女神，连忙跪倒在地，低声哀求道："慈爱的命运女神啊，帮帮我这可怜的人吧！可怜可怜我吧，我现在什么都没有了。"

命运女神和气地问乞丐："那你告诉我吧，你现在最想得到什么？"

乞丐早就把自己刚才的愿望抛到了九霄云外，张口就说："我要金子！"

命运女神说："脱下你的外衣来接吧。不过不要接得太多，那样会把衣服撑破的。这些金子只有被接住并且牢牢地包在衣服里才是金子，要是掉在地上，就会统统变成垃圾。"

　　乞丐大喜过望，三下五除二就脱下了衣服。

　　命运女神轻轻地挥手，只见金子像流星雨一样，闪着金光，一颗颗地落在乞丐的衣服上，渐渐地堆成了一座小金山。

　　命运女神说："小心啊！你的衣服就要被压破了，再多装一点金子就要掉下去了。"

　　乞丐看着飞来的金块，两眼放光，哪里听得进女神的劝告，只是一个劲兴奋地嚷嚷："再给点，再给点！"

　　正喊着，只听"哗啦"一声，他那破旧的衣服裂开了一条大口子。金子滚落在地上，就在落地的那一瞬间变成了砖头、玻璃和小石块。

　　命运女神消失了。乞丐又变成一无所有。他只好披上那件更破更烂的衣服，继续以乞讨谋生。

智慧传承

　　对于一个一无所有的乞丐来说，命运女神送来的金子，就是他得以翻身的机会，但是他自身贪婪的本性，让这个机会变成了泡影。

　　管理好自己，就得管理好自己的欲望，如果我们不停地索取，而不懂得适可而止，迎接我们的，不但是一无所有，更可能是无妄之灾。

有时候只需要一点耐心 ▶▶▶

要想喝到清水，其实只需要你耐心等上一小会儿。

佛陀旅行经过一座森林，那一天非常热，刚好在中午，他觉得口渴，所以他告诉他的弟子阿难："我们刚走过一条小溪，你去取一些水来。"阿难往回走，但是他发现那条小溪非常小，因为车子经过，溪水被弄得很污浊，本来沉淀的泥土都跑上来了，现在那个水不能喝了。他回到佛陀身边，告诉佛陀："小河里的水已经很脏，不能喝了，请您答应我继续走，我知道有一条河就在离这里不远的地方，我去那里取水。"

佛陀说："不，你到刚才那条小溪去取水。"

阿难知道那条河里的水取来也无法饮用。时间只会被无谓浪费，而他又感到口渴，但是当佛陀说了，他就必须去，然后他再度回来，因为溪水里满是落叶。

当他第二次回来的时候，阿难问佛陀："您坚持叫我去，但我是不是能做些什么来使那些水变纯净？"

佛陀说："请你什么事都不要做，否则你将会使它变得更不纯净。不要进入那条溪流，只要在外面、在岸边等待，假如你进入溪流，你将会把水弄得更乱，溪流自己会流动，你要让它自己流动。"

佛陀说："你再去。"

当阿难第三次回到那条溪流时，水是那么清亮，泥沙已经流走了，枯叶也消失了。阿难笑了，他取了水快活地回来，拜在佛陀的脚下说："您教导的方法真是奇迹，您给我上了伟大的一课：没有什么东西是永恒的，只需要耐心等待。"

舍得 ▶▶▶

有时候你的一点"舍得"，就可以解决面前的问题，那么何乐而不为呢？

父亲是一位数学老师。那天父亲在外面吃喜酒，回来时带回了些糖果给我，我拿出一颗正要剥开来吃，父亲叫住了我。

他从糖果包里数出17颗，一颗一颗地摆在桌面上。他要我把这17颗糖果分成三份，第一份是桌上糖果的1/2，第二份是1/3，第三份是1/9。这下可把我难坏了。17不能被2、3和9整除，怎么也不可能按父亲的要求分开呀。

我急得抓耳挠腮，还是无计可施。

父亲见状，在一旁叹了一口气说："要是有18颗糖果估计就好分了。"

我还不算太笨，一听这话，知道是父亲在提醒自己，赶紧把那颗还没来得及吃的糖果拿出来，凑成了18颗。难题迎刃而解。

父亲后来对我说："孩子，这下你应该知道了吧，解这道题的关键是你必须舍得。你要是舍不得把手里的糖果拿出来，你就永远不可能解开这道题的。解题是如此，与人相处何尝不是如此呢？孩子，你要记住，人生也是一道题，时时处处你都必须学会舍得。"

　　随着自己渐渐长大，我所经历的许许多多的事终于让我真正懂得了父亲的那番话。

　　什么东西只要与别人分享，痛苦可以减半，快乐可以加倍。

自己开门 ▶▶▶

当你的面前有一扇门的时候，你是选择自己去开门，还是等着别人为你开门呢？

那年我五岁，有一天晚上寒风凛凛。已经记不清到底因为什么惹得父亲发脾气，我只记得一怒之下，他直接把我拎到了街门外面，一句话也不说就插上了门闩。

街门外，漆黑一片，什么也看不到。寒风刮到脸上，又冷又疼。站在黑暗中，所有可怕的东西一瞬间从四面八方涌来，奶奶常讲的专吃小孩的黑狸猫，爷爷见到过的拐卖小孩的疯老人，还有村里我最害怕的屠夫。也就在我最害怕的那一刻，邻居家的狗不知为什么歇斯底里地叫起来，我"哇"地哭了出来。

以往，不管因为什么原因遭到父亲的训斥，只要我一哭，奶奶就会护着我。我以为这次我的哭声依然能招来奶奶，让奶奶用她温暖的棉袄把我抱回去。但是，嗓子都快哭哑了，依然没有听到奶奶的脚步声。只听到父亲的吼声："就会哭，今天没人给你开门。"

父亲的话让我明白哭已经无济于事。

想到这里，我止住哭声，开始使劲推门。那时候街门是两扇对开的，使劲推能推开一个小缝，伸手就能够到门闩。我使出吃奶的力气推门，并把手伸进去，够着门闩，一点一点地挪动。

也不知过了多长时间，门终于被我弄开了。站在院子里，我看到奶奶、父亲、母亲，还有脸上流着泪的小姑。

长大以后才知道，那晚奶奶并不是没有听到我的哭声，小姑已经走到了门后，母亲因为此事和父亲吵了起来。但父亲阻挡了所有人对我的援助，他说，"让她自己开门进来。"

也正是那晚的独自开门，让我渐渐独立起来，也让我明白：任何人的帮助只能是一时而不是一世，想回家，必须自己开门。

佛祖的刻刀 ▶▶▶

上天用刻刀在雕刻你时，同时也在成就你。

很久以前，某个地方建起了一座大寺庙。竣工之后，寺庙附近的男女们就每天祈求佛祖给他们送来一个最好的雕刻师。于是如来佛就派来了一个擅长雕刻的罗汉，幻化成一个雕刻师来到人间。

雕刻师在两块石料中选了一块质地上乘的石头，开始了工作。可是，没想到他刚拿起凿子凿了几下，这块石头就喊起痛来。雕刻的罗汉就劝它说："不经过细细地雕琢，你将永远都是一块不起眼的石头。"

可是，等到他的凿子一落到石头身上，那块石头依然哀嚎不已："痛死我了。求求你，饶了我吧！"雕刻师实在忍受不了这块石头的叫嚷，只好停止了工作。于是，雕刻师选了另一块质地粗糙的石头雕琢。虽然这块石头很粗糙，但却能够承受雕刻师的打磨。雕刻师也因为知道这块石头的质地差一些，为了展示自己的艺术而精心雕琢着。

不久，一尊肃穆庄严、气魄宏大的佛像赫然立在人们的面前，大家惊叹之余，立刻把它安放到神坛上。

这座庙宇日夜香烟缭绕，天天人流不息。为了方便日益增加的香客行走，那块怕痛的石头被人们弄去填坑筑路了。看到那尊雕刻好的佛像安享人们的顶礼膜拜，它内心总觉得不是滋味儿，愤愤不平地对正路过此处的佛祖说："佛祖啊，这太不公平了！您看那块石头的资质比我差得多，如今却享受着人间的礼赞尊崇，而我却每天遭受凌辱践踏、日晒雨淋，您为什么要这样的偏心啊？"

佛祖微微一笑说："它的资质也许并不如你，但是那块石头的荣耀却是来自一刀一锉的雕琢之痛啊！你既然受不了雕琢之苦，只能得到这样命运。"

智慧传承	我们每个人都像一块石料，当你想要做什么，要在某一领域成就什么的时候，上天都能看得见。他会给你的前路摆放一堆你需历经的苦难。当你忍受这一个又一个苦难，跨越这一番又一番磨炼，向着心中的目标迈进的时候，上天的刻刀已在你身上雕琢了一遍又一遍。你不要报怨，那是上天在成就你的心愿！

给你一把刀 ▶▶▶

当我们极尽全力地指责对方时，为什么不尝试从自身做些许改变呢?

有一对夫妻总是吵吵闹闹。这一天也不知道因为什么，他们又吵了起来，而且越吵越凶。丈夫大声地喊着："你别再骂我不是男人，否则我……我就打死你……"

妻子一听更是火冒三丈，"哎哟! 还长能耐了，来，你打，不打死我，你就不是男人。"

丈夫气得直跳脚，嘴上不依不饶地说："你……你太过分了，老骂我不是男人，现在我就找把刀杀了你，看你还说不说了。"

邻居们听见他们要砍要杀的，急忙都跑过来劝架，有人拉住妻子，有人拉住四处找刀的丈夫。夫妻俩在众人的劝说下不但不收敛，反而为了不输面子，丈夫隔着众人骂得更凶，妻子又哭又闹，大有今天有你没我，有我没你的气势。

就在闹得不可开交的时候，一位老者走来。这老者宽宽的脑门，目光睿智，面带慈祥，手里拎着两把菜刀。他让众人放开夫妻二人，然后让他们夫妻二人面对面站着，在他们二人手中各放一把刀，说："你们不是要杀死对方吗？现在你们手上有刀，动手吧！"

众人听得瞠目结舌，面露悚然，惊恐地看着他，都认为老者疯了。

夫妻二人更是面面相觑，拿着刀呆站着。丈夫不骂了，妻子也不哭闹了，火气一下子没了。

老者看他们二人不动，接着说："动手呀！保证没人拦着你们。"老者的话像有巨大能量的魔法，极其有力地缓和了他俩的怨恨。

二人鼓着气，迟疑地望着老者，相互怒视的眼神减了几分凶狠，谁也没有动手的意思。菜刀，无精打采地提在手里，像是一片纸壳。

这时老者冲着丈夫说："你面前的女人不解温柔，老是对你辱骂。如今就是个很好的机会，你何不先动手杀了她？"

丈夫听完冲着老者说："你太过分了，怎么可以教唆我去杀我的妻子呢？她就是有千般不好，也是我的妻子，我怎么会动手杀她？"

老者不理丈夫，转头对妻子说："他不动手，你来吧！你不是天天嫌弃他又懒又馋，恨不得让他早点死吗？"

妻子听完，急红了脸说："我是这么想过，但是我也不是真心想他死。他再不好也是我的丈夫，对我也很好，我怎么会动手杀他？"

夫妻二人说完不约而同地放下了刀，丈夫拉住妻子的手说："哎！今天的事赖我。"

妻子也很惭愧地说："我这火暴脾气真该改改了。"

就在夫妻二人双手紧握的时候，他们顿时似有所悟，转身想谢谢老者，可是老者已经飘然而去。

智慧传承

在这个世界上有两难：一是改变别人，二是改变自己。要求别人很痛苦，那改变自己应该很快乐。要改变别人，就要先改变自己！就如同夫妻俩吵架，本来是很平常的事情。无论是多大的争吵，都不必到动武力的程度，这恰恰就需要这样一点智慧：我们极力要求别人的同时可以先尝试让自己有所改变，你就会发现，这其实并不是件很痛苦的事。

把奖赏变成惩罚 ▶▶▶

奖赏并不是解决问题的唯一办法。

一位名叫珍克拉克的美国女学生，从1996年1月4日至6月7日，连续打了154天喷嚏。除了睡熟之外，平均每4分钟便打一个。由于连续不断地打喷嚏，她的头部与胸部剧痛，呼吸与饮食困难，经常抽筋、呕吐，全身乏力，她身心所受的痛苦与生活的不便，确实没有人可以体会。

珍克拉克的怪病，引起了专家们的重视和人们的广泛同情。在五个多月的时间里，美国的许多神经系统专科医生、内科专家、免疫专家、喉鼻科专家、催眠术专家等纷纷前来诊视，但都异常困惑，束手无策。他们在珍克拉克身上使用各种药物和疗法，不少同情者甚至寄来"祖传秘方"，却全都无济于事。

6月7日这天，一位来自迈阿密的心理科专家古殊纳医生答应帮助珍克拉克。治疗开始，古殊纳医生在珍克拉克两个前臂上安装两个电极，然后用一个扩音器挂在她的颈项前面。当她打喷嚏时，扩音器便将喷嚏的音波传到一个敏感的电掣上，这个电掣跟着通过安在她双臂上的两个电极，发出一种温和而"非常不舒服"的电击作用。她打一个喷嚏，就立即受到一次"不舒服"的电击。再打喷嚏，再被电击。这样持续了4个钟头。

珍克拉克是在下午12时40分开始接受治疗的，起初她每隔40秒钟打一个喷嚏。在第一个30分钟，她打了22次喷嚏；在第二个30分钟，只打了12次喷嚏；在第三个30分钟，减少到3次；在第四个30分钟，只打了1次；到下午3点钟时，她的喷嚏完全停止了。至此，这种出现在珍克拉克身上的反复无常的怪症被有效地制服了。珍克拉克高兴得热泪盈眶。

古殊纳医生透露了他的治疗"秘笈"："如果一个小孩触摸

一个灼热的火炉时，他会受到惩罚。而这种惩罚就是小孩被烫得哇哇大哭，结果他以后就不敢再轻易去触摸火炉了。这其实很像珍克拉克打喷嚏，当然有某些因素诱发她开始这样打喷嚏。她已经养成一种令她无法免除的反常的行为习惯，因为她的喷嚏可以获得奖赏，即来自各地数以万计的人的同情、关注。可是，我使用的电击，中断了她获得的奖赏，而让她受到惩罚。"

智慧传承 　珍克拉克不停地打喷嚏，已经不仅仅是一种病，而是在人们的关注中成为了一种行为习惯。面对他人的错误，大多数善良的人们选择宽容，但对于犯错的人来说，这反而成为了对他的错误的一种纵容，他越来越无法忍耐自己的毛病。只有让他忍受错误带来的痛苦，他才能彻底地改正错误。

别指望别人那只手 ▶▶▶

陷入苦海时，千万不要指望别人那只手，只有靠自己力挽狂澜的决心和智慧，才能创造出生命的奇迹。

大学毕业，参加公务员考试，我以优异的成绩通过了笔试，却在面试时落选了。一时间，我意志消沉、精神萎靡。我埋怨父母没有提前去走走"关系"，要不然，为什么能力和口才都不如我的人却能入选呢？

一天中午，我去帮母亲卖水果。我痛苦地问母亲："为什么命运对我那么不公？为什么没有人伸手拉我一把？"

母亲正往盆里倒水，准备将那些较脏的水果洗一下。这时，忽然两条虫子掉进了水盆里，母亲指着这两条虫子说："你看见它们了吗？"

我顺着母亲手指的方向望去，只见两条小虫子在水里苦苦地挣扎。母亲拿起一根草伸向一条虫子，那条虫子就顺着那根草爬了上来。

母亲拿着那根爬有小虫的草说："对于这条虫子来说，我这根草就是它的救命草，它得救是因为我看见了它，也是在我心情不错的时候。"这时，那条得救的虫子已经很精神了，它顺着那根草继续往上爬，当它将爬到母亲的手指上时，母亲又说："可是，我现在心情发生了变化，我不想救它了。"母亲说完，又将那条虫子放进了水里。

我静静地倾听着母亲的话，注视着她刚才的举动。这时，我吃惊地发现，盆里另一条虫子已经爬出了水面，也就是说，它靠自己的力量已经脱离了危险。而刚才被母亲救起又放进水里的那条虫子，则在水里奄奄一息。

我怔怔地伫立良久，目睹着那条爬上盆沿抖动着湿漉漉身子的虫子，茅塞顿开。

母亲没有正面回答我提出的问题，却很智慧地告诉我：人必须学会做自己的上帝，依靠别人是不保险的，真正绝处逢生的契机，是要靠自己去创造的。

智慧传承　　生命中的挫折如同一场场风雨，闯过去，阳光就在前面。只有经历过痛苦的人，才能明白幸福的可贵，才能明白为了幸福付出代价的意义，所以才更要争取幸福。这世间，一时的挫折也是美丽的吧，只要值得。

不要得理不饶人 ▶▶▶

无论什么时候，给对方留个台阶，得理饶人，于人于己，都是好的。

人不讲理，是一个缺点；人一味讲理，是一个盲点。理直气"和"远比理直气"壮"更能说服和改变他人。

一位高僧受邀参加素宴，席间，发现在满桌精致的素食中，有一盘菜里竟然有一块猪肉，高僧身旁的徒弟故意用筷子把肉翻出来，打算让主人看到，没想到高僧立刻用自己的筷子把肉掩盖起来。一会儿，徒弟又把肉翻出来，高僧再度把肉掩盖起来，并在徒弟的耳畔轻声说："如果你再把肉翻出来，我就把它吃掉！"徒弟听到后再也不敢把肉翻出来了。

宴后高僧师徒辞别了主人。归途中，徒弟不解地问："师傅，那厨子明明知道我们不吃荤的，为什么把猪肉放到素菜中？徒弟只是要让主人知道，处罚处罚他。"高僧说："每个人都会犯错误，无论是有心还是无心。如果让主人看到了菜中的猪肉，盛怒之下他很有可能当众处罚厨师，甚至会把厨师辞退，这都不是我愿意看见的，所以我宁愿把肉吃下去。"待人处事固然要"得理"，但绝对不可以"不饶人"。留一点余地给得罪你的人，不但不会吃亏，反而还会有意想不到的惊喜和感动。每个人的价值观、生活背景都不同，因此生活中出现分歧在所难免。大部分人一旦身陷斗争的漩涡，便不由自主地焦躁起来：一方面为了面子，一方面为了利益，因此一旦得了"理"便不饶人，非逼得对方鸣金收兵或投降不可。然而，"得理不饶人"虽然让你吹响了胜利的号角，但这也是下一次斗争的前奏。因为对方虽然"战败"了，但为了面子或利益，他自然也是要"讨"回来的。

在日常生活中，切记：留一点余地给得罪你的人，给对方一

个台阶下，少讲两句，得理饶人。否则，不但消灭不了眼前的这个"敌人"，还会让身边更多的朋友疏远你。

俗话说：得饶人处且饶人。放对方一条生路，给对方一个台阶下，为对方留点面子和立足之地，这样做并不是很难，而且如果能做到，还能给自己带来很多好处；如果你得理不饶人，让对方走投无路，就有可能激起对方"求生"的意志，而既然是"求生"，就有可能不择手段，不顾后果，这将对你自己也造成伤害。放他一条生路，他便不会对你造成伤害。在别人理亏，你在理时的情况下，放他人一条生路，对方也会心存感激，就算不是如此，也不太可能今后与你为敌。这是人的本性。

<table>
<tr><td>智慧传承</td><td>这个世界本来就很小，变化却很大，若哪一天两人再度狭路相逢，届时若他势强而你势弱，你想他会怎么对待你呢？所以倘若在有理的情况下放他人一条生路，相信对方定会心存感激，也不会与自己为敌。得理饶人，也是为自己留条后路。这也是处世的智慧。</td></tr>
</table>

靠智慧走出困境 ▶▶▶

别拒绝困难与挫折，困难在古希腊语中，意为"上帝授予之物"！接纳后才有惊喜。

在1894年，在巴黎召开的国际体育会议上做出了一个具有历史意义的决定：1896年在希腊雅典举行首届现代奥林匹克运动会。

听到这一振奋人心的消息之后，希腊举国上下充满了喜庆的气氛。鉴于国家的经济实力有限，国民纷纷踊跃捐款，尽管如此，筹备资金仍有很大的缺口，雅典奥运会面临着夭折的危险。

就在这艰难的时刻，集邮家萨卡拉福斯建议：发行一套奥运会邮票，以高于面值的价格出售，借以弥补资金的不足。

政府果断地采纳了这一绝妙的建议，邮政部门于1896年发行了一套三种票形的纪念邮票，纪念邮票以古代奥运会为内容，有驾车比赛、掷铁饼者、奥运会赛场和奖杯图案等。纪念邮票取

材于古希腊的绘画和雕塑，人物线条自然简洁，四边绘有装饰花纹，采用雕版单色印刷，散发着一种凝重的历史感和民族气息，看上去非常古朴精美。这是世界上最早的一套体育邮票，也是世界上最早的一套奥运会邮票。

纪念邮票投放到市场后，很快就销售一空，给国家带来40万元的进账，填补了举办奥运会的资金缺口。

正像集邮家萨卡拉福斯靠智慧用奥运会邮票成功地挽救了奥运会一样，蝴蝶专家施万维奇也靠智慧用迷彩作为伪装，成功地挽救了苏军的军事设施。

1941年6月德军侵入前苏联，9月初从西部和南部向列宁格勒逼近，其芬兰盟军则由北部向该城推进，当时德军曾气焰嚣张地宣称，要在半个月内占领列宁格勒，仿佛胜利的果实已经是他们的囊中之物。

在生死存亡的危急关头，列宁格勒所有能干活的市民都行动起来，沿城外四周构筑反坦克攻势，支援20万苏军将士在该城的守卫战。德军发动了一次又一次猛烈的攻势，都遭到了苏军的顽强抵抗。

德军不得不改变原来的战术，决定发挥空中优势，动用飞机轰炸列宁格勒的军事目标，待摧毁苏军的防御体系后，再出动步兵和坦克攻占该城。摸清德军的这一企图后，苏军急需在敌机实施轰炸前给暴露的军事目标披上伪装，却苦于找不到以假乱真的好办法。

这天早上，一位苏军将军来到阵地视察，不经意看到几只蝴蝶在花间飞舞，一落到花枝上就很难发现，这位将军马上联想到

伪装大计，立刻约见研究蝴蝶的专家施万维奇，委托他设计一种蝴蝶式的防空迷彩作为伪装。

施万维奇参照蝴蝶翅膀花纹的构图和色彩，将多种伪装技术综合运用，给坦克和军车等活动目标涂上改变其轮廓的多色大斑点迷彩，给机场、雷达站、炮兵阵地和军用仓库等固定设施上涂染迷彩的遮障伪装，减小了目标与背景的差别，达到了隐蔽或降低目标特征的效果。

当德军聚集的几百架轰炸机飞临列宁格勒上空时，发现原来锁定的上百个袭击目标全都消失了，飞行员竟然找不到值得轰炸的设施，盘旋着瞎扔了一些炸弹，就无可奈何地返航了。

1944年1月，苏军发动反攻，一举将德军全面击溃，解除了长达872天的列宁格勒之围。

智慧传承　　行有不得，反求诸己！将注意力只放在自己是否想得对、说得对、做得对上。真正的财富源自内心，源于生活的智慧才得以排除万难。世人做事不得要领的一个主要误区是向外求，顺则罢，一旦是逆、苦，心中便也跟着逆、苦起来，多可怜！真心不变，调整自我，适应外界，进而改造外界——此适者生存之真谛！

少先队活动：小富翁

【活动主题】 小富翁

【活动背景】 如果你有一千元的话，应该可以算是一个小富翁了吧。可是当富翁不仅仅要知道怎么赚钱，还要学会花钱。花钱也用学吗？当然啦，花钱也是有学问的。

【活动目的】 这个活动不仅可以让你认识到商品的实用价值，还利用模拟的商品经济社会，锻炼自己将来可能遇到的经济问题，对自己的理财能力是一个很好的考验和磨炼呢。

【活动日期】 _____年_____月_____日

【班级人数】 _____人

【缺席人数】 _____人

【活动流程】

1. 首先，在报纸或杂志价目表上选购自己中意的物品，但是要注意自己手中的一千元钞票面额。

2. 把要买的物品用铅笔记录在纸上，对照价目表，计算一下自己选择的物品的总费用。

3. 注意要以一千元为限啊，和同学们比一下，看谁最先花掉自己手中的一千元，当然也包括最接近一千元但没有超支的人。

4. 比较一下大家在花掉钱的同时，选购的商品是实用性较多，还是奢侈装饰品过多呢，会花钱的富翁可是很注意商品的实用性哦。

小测试：测试你的应变能力

妈妈在你的抽屉里发现了银行账单，打电话质问你为什么花的比赚的多。你的回答会是：

A. 只要我喜欢的东西我就不计价钱，买下来的那一刻让我觉得特别满足。

B. 我等下再打给你，车子就要过隧道了，信号不太好。

C. 我刚刚遇到了一些挫折，要给自己补偿。

【测试结果】

选A：你是一个思维敏捷的人。你事先不用任何准备，临场就能机智地予以回击。自我和自信，你一样都不缺。更绝的是你的针锋相对除了表明你的灵敏与活力之外，还让对方找不到任何反驳的机会，只能甘拜下风。

选B：你是一个深思熟虑的人。如果有人对你说话的时候话中带刺，你就马上犯结巴。尽管搜肠刮肚地想给予回击，却是徒劳。不过一旦给你足够的时间让你思考成熟，你就会变得坚不可摧，绝对能让对方哑口无言！

选C：你是一个反应迟钝的人，你面对需要快速回应的场面，你最多只能在头脑里有些模糊的概念，却缺乏说出口的勇气和速度。而事实上，你可能有别人意想不到的异常活跃的内心世界。

Wise juvenile

第四章／捞鱼的哲学

当你坚持不懈为自己的梦想而努力的时候，你不是一个傻傻的执着者，而是一个懂得坚持才能成功的智者；当你在走到绝境时懂得换个方向去思考，你不是一个知难而退的平庸者，而是一个懂得寻路的智者；当你选择了适合自己的低起点，你不是一个不求上进的无能者，而是一个懂得一步一个脚印的攀登者。

只售1法郎的豪华别墅 ▶▶▶

相信这世界存在奇迹，你就可以受到奇迹的青睐。

在留学生中有这样一个故事，一位留学法国的犹太留学生，由于家里的生活突然遭遇不测，父母已经拿不出钱来供他完成剩下的一年半学业。他突然失去了经济支持，只好从独居公寓里搬到七八个人合租的宿舍，并决定像他的室友们一样，走上打工挣钱维持学业的道路。

为了找工作，这位留学生翻开了以前从来不看的报纸广告页。突然，一则登在不起眼的角落里的广告吸引住了他："豪华别墅，只售1法郎。"

室友们听他念出这则广告后，都嗤之以鼻，甚至觉得有些可笑，有的说："今天不是愚人节吧！"有的说："哪有天上掉馅饼的好事。"还有人半带嘲弄地问他："你该不是想去试一试吧？"好心人则提醒他道："可千万别上当，这是个陷阱，我看，骗子总是有不可告人的图谋！"

留学生虽然是半信半疑，但他还是按照报纸上提供的联系方式，找到了那个登广告的人。登广告的是一个衣着华贵的中年妇女。问清楚留学生的来意后，她指着她正站着的屋子的地板说："喏，就是这里。"留学生不禁大吃一惊：这里是巴黎近郊最著名的别墅区，富人云集，地价之昂贵可谓寸土寸金；再看身处的这幢房屋，设计高贵精妙，装潢富丽豪华，如果要售出，价格应该是天文数字，他可是无论如何也不可能出那样一大笔钱的。

"太太，能看看房子的有关手续吗？您知道……"留学生不知道说什么好，他搜肠刮肚想为自己找个理由去相信，但还是不由自主地问出了一句。贵妇人微微一怔，拨了一个电话，仿佛是叫什么人来，然后自己转身上楼。过了一会儿，贵妇人回来，交给留学生一个文件袋。留学生瞪大了眼睛，辨别着房契的真伪，研读着文书中那些拗口的条文句子。正在这时，一位戴着眼镜、夹着公文包的男士走了进来，他跟妇人嘟囔了两句后，走到留学生面前："先生，您好。我是律师，如果您没有什么异议，我可以为您办理买卖房屋的手续了吗？"

"你是说1法郎……这幢房子……"留学生不敢相信这一切是真的，甚至有些语无伦次了。"是的，先生，如果可能的话，请您交现款。"律师一本正经地回答。

三天之后，留学生带着他向法院求证后确认无疑的文件，到豪华别墅去办理移交。当他接过沉甸甸的钥匙的时候，仍难以相信他已是这所房子的主人。他叫住正要离去的房主："太太，您能告诉我这是为什么吗?"妇人叹了一口气:"唉,实话跟你说吧,这是我丈夫的遗产。他把所有的遗产都留给了我,但只有这幢别墅,他遗嘱里说卖了以后把所有的款项交给一个我从来没有听说过的女人。前两天见到那个女人后我才知道,我丈夫瞒着我和她偷偷幽会了12年……所以我才做出这样一个决定——我遵守我丈夫的遗嘱,但我也不能让她轻易得到很多钱。"

人生补习 ▶▶▶

考试前的补习可以提高一次成绩，人生的补习却可以终生受用。

李俊是个性格内向的学生，阅完的试卷一发下，我发现他的眉头又锁在了一起，他只考了58分。一个考试从来不能及格的学生，自信心有多差就不用说了。

我合上教案，面无表情地走出了教室。李俊跟了上来，他喉头动了一下，然后眼泪就要掉下来了，他的脸涨得通红。我静静地站着等他说话，但他的嘴唇好像紧紧锁住了似的。

他递过来一张纸条："老师，我的物理太差，您能不能每天放学后为我补一个小时的课？"

我可以马上答应他，但是我没有。我牵着他的手到僻静处说："老师答应你的要求，但是你每天借一个微笑给我，好不好？"他有些失望，但还是点点头。

第二天上课，我注意到李俊抬头注视我，我微笑着，但他把

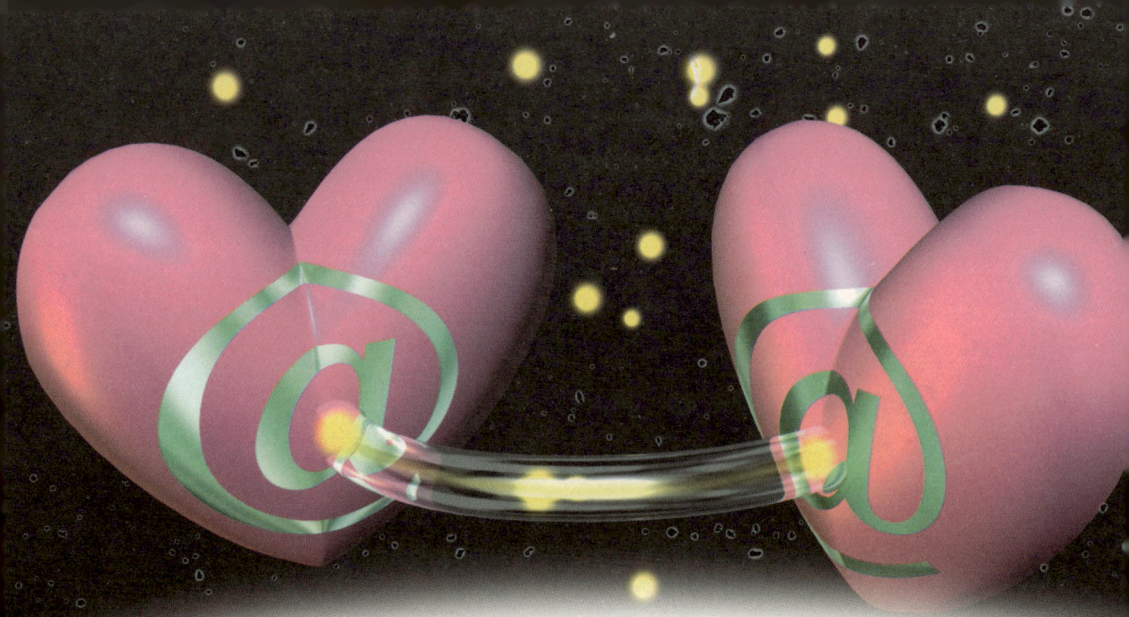

脸避开了，显然他还不习惯对我回应。我让全班一起朗读例题，然后再让他重读一遍。他没有感觉到我为难他，大大方方地站起来读了。也许想起了昨天对我的承诺，读完后，他困难地对我笑了笑。

渐渐地他开始和同学来往了。一起上厕所，一起回教室，下课一起玩耍……这样过了好久一段时间，我都没提起为他补习这件事。

一天下课李俊又拦住我，我知道他要干什么，很幽默地向他摊开手。他一愣："老师你要干什么？"

我说："你写给我的纸条呀。"

他笑了："我不写纸条了，您给我补补课吧！"

我面带笑容："功课你不要急，到时我会主动找你的，但我向你借的你还没给够我。"

"好的，我一定给足你。"

等他高高兴兴又蹦又跳地走出好一段路后，我才想起来什么似的把他叫回来，递给他一张纸，那里有我为他准备的一道题。我告诉他，一天之后把它做出来，可以和同学讨论，也可以独立完成。

我知道，他宁可"独吞"，也决不会和同学讨论的。这正是性格内向学生的最大弱点。

下午他说还没做好，我有点不高兴，说晚自习你还没做好，我可要收回承诺了。自习时我见他站在一个男生边上，忸忸怩怩很不自然的样子，我得意地笑了。

就这样我先后为他写了4张纸条，题目一次比一次难。后来，纸条一到手，他就迫不及待地和同学们争论开来。

期末考试李俊成绩尚可，科科及格。我虽然没有给他真正地补习过功课，但是却给他补了一节终生受用的功课，那就是团结合作。

智慧传承	面对这样一个性格内向的孩子，或许教会他怎样微笑，怎样与同学沟通才是最重要的补习。生活中到处是陌生人，你想与大家打成一片就要学会团结和互助，一个人的力量有限，只有大家一起努力的结果才会很强大。

捞鱼的哲学 ▶▶▶

轻而易举就可以获得成功时，你不妨停下来，想一想。

在集市上，有个老人摆了一个捞鱼的摊子，向人们提供渔网，大家可以随意地从水盆中捞鱼，而捞起来的鱼归捞鱼的人所有。

一个年轻人走到这里，感觉很有意思，也拿起一张渔网，蹲下来捞鱼。一会他就捞到一条大鱼。但渔网太薄了。提起来的时候渔网破了。年轻人一连捞碎了三张网，一条鱼也没有捞到，心中十分懊恼的他抬起头，发现摆摊的老人正在笑眯眯地看着自己，似乎在窃笑自己的愚蠢。年轻人不耐烦地说："老人家，你的渔网做得太薄了。怎么捞得起来鱼呢？"

老人回答说："年轻人，你怎么也不想一想？当你要捞起鱼时，打量过你手中的渔网是否真的有那个能耐吗？有追求不是一件坏事，但是你也要懂得了解自己的实力够不够！"

"可是怎样才能捞到鱼呢？"年轻人迷惑了。

老人没有说话，接过年轻人手中的渔网，一会就捞起来一条活蹦乱跳的小鱼。

"年轻人，你还不懂捞鱼的哲学！当你沉迷于一个目标的时候，要衡量自己的实力！不要好高骛远。"

人生何尝不是这样？只有看到自己的实力才会成功！

别人援手自己也要伸出手 ▶▶

别人伸手帮助你时，只有你也同样伸出了手才可以救自己。

在某个小村落，下了一场非常大的雨，慢慢地洪水开始淹没了全村。

一位神父在教堂里祈祷，眼看洪水淹到他跪着的膝盖了。一个救生员驾着舢板来到教堂，跟神父说："神父，赶快上来吧！不然洪水会把你淹死的！"神父说："不！我深信上帝会来救我的，你先去救别人好了。"

过了不久，洪水已经淹过神父的胸口了，神父只好勉强站在祭坛上。这时，又有一个警察开着快艇过来，急切的对神父说："神父，快上来，不然你真的会被淹死的！"神父说："不，我要守住我的教堂，我相信上帝一定会来救我的。你还是先去救别人好了。"

又过了一会儿，洪水已经把整个教堂淹没了，神父只好紧紧抓住教堂顶端的十字架。一架直升机缓缓地飞过来，飞行员丢下了绳梯之后大叫："神父，快上来，这是最后的机会了，我们可不愿意见到你被洪水淹死！"神父还是意志坚定地说："不，我要守住我的教堂！我相信上帝一定会来救我的。你还是先去救别人好了。上帝会与我同在！"

　　洪水滚滚而来，固执的神父终于被淹死了……神父上了天堂，见到上帝后很生气地质问："主啊，我终生奉献自己，战战兢兢地侍奉您，为什么你不肯救我！"

　　上帝说："我怎么不肯救你？第一次，我派了舢板来救你，你不要，我以为你担心舢板危险；第二次，我又派一只快艇去，你还是不要；第三次，我以国宾的礼仪待你，再派一架直升机救你，结果没想到你还是不愿意接受。明明是你自己不把自己的手伸出来啊。"

智慧传承

当遇着困难时，我们不能像文中的神父一样把所有的希望都寄托在上帝身上。没有人可以完全妥善地把你从困难中抱出，在别人伸出援手的时候同样需要我们伸出自己的手。所以，任何时候都别忘了自己的力量。

站起来 ▶▶▶

站起来，因为你不比别人高，也不比别人低。

大伟大学毕业后，一时找不到工作，天天帮父亲到市场上卖菜。大伟感到很自卑，见人总低垂着头，尤其见了那些找到称心工作的同学或朋友，更觉己不如人，少言寡语。时间久了，那种卑微的心情像黑夜一样将大伟的天空笼罩成一片灰暗。

大伟跟父亲卖了五年菜。五年中，同学朋友有人当了官，有人成了企业家发了大财。每遇那些当了官或发了大财的同学、朋友，大伟总觉低人三分矮人一头，脸上赔着笑，偶尔碰到他们的家人来买菜，大伟死活不收钱，弄得那些熟人也不敢到他的摊位前买菜了。

有一天，大伟去朋友家赴宴，与几个陌生人同坐一席。一个叫高建的矮个站起来向大伟劝酒说："能坐到一个桌子上，同碗吃饭，同盘夹菜，同盅喝酒，这是缘分，先喝为敬，大哥我先干了这一杯。"接着给大伟端酒，大伟平时很少喝酒，便有些推辞。高建脸上显出不高兴，说："我没记错的话，咱们这是第一次在一块进餐。这之前，咱们俩互不相识。我还不知道你的身份，你可以是个高官，也可以是个富翁，但高官也罢，富翁也罢，这些都不重要，因为这几十年来，你不曾给我提拔和帮助，我也没沾过你的一点光；我没向你借贷过一分钱，你也从没给过我一分钱资助。但你一天一天过来了，我也一天一天过来了，你过得很好，我也过得不错啊。"

高建这番话说得太直率了，像锤子一样击打着大伟的心灵，大伟感到自己的整个身子都在颤抖。高建接着说："也许今天一别再不会相聚。但我相信，今后的日子，咱们还要一天一天地生活，你会生活得越来越好，我可能也不比你差。这杯酒呢，喝了，是你给我面子；不喝，是你给你自尊，我不会勉强你，也不能强求你，更不敢难为你。因为我们的人生，都一样是公平地站着的。"

　　高建的话充满凛然大气，无私无畏，大伟从中找到了人生的高度和硬度，悟出了做人的真谛。像浇了一盆冷水，一下子清醒了许多。大伟红着脸，将那杯酒接过来，真诚地说："谢谢你！"向高建深深鞠了一躬，喝下了平生第一杯酒。

大伟从此像变了一个人，不再沮丧颓废，不再幻想依赖别人改变命运。他充分运用自己所学知识帮助父亲扩大规模，发展大棚种菜。几年后，大伟成了"大伟蔬菜供应公司"的总经理。

后来，大伟又成了小城屈指可数的富商。但是他却从不让人仰视自己，对谁都和蔼谦恭，还经常资助那些交不起学费的大学生、处境暂时困窘的人，在小城有口皆碑。

智慧传承	每个人都是独立的个体，也是平等的个体。美好的生活我们靠的是自己，而不是依赖他人。而且由大伟的事例也可看到，把腰板挺直了走路，想说的时候就说，该笑的时候就笑，让你的人生站起来，你也许就成了天地间的一根大柱！

一只没吃到香蕉的猴子 ▶▶▶

我们都知道猴子喜欢吃香蕉，但是什么时候它会看着香蕉而不能吃呢？

一次和朋友聚会，一个小有业绩的朋友出了这样一道问题："有一只经过测试很聪明的猴子，人们把它关到了一间铁笼子里。笼子是用铁柱焊成的，铁柱与铁柱之间刚好可以容猴子把手臂伸出来。连续两天，人们不给猴子吃东西。第三天，有人给猴子拿来一串香蕉，放在离猴子很远的地方，又拿了一根长长的顶端带着铁钩的竹竿，放在笼子外猴子伸手可及的地方。"

说到这里他有意识顿了顿，看到大家都在聚精会神地听着，才不紧不慢地问："你们说，这只饥饿的猴子会怎么做呢？"

大家七嘴八舌议论一番后，回答："猴子最初自然是去抓香蕉，等到它发现自己不可能抓到香蕉时，就会试着用那根带着铁钩的竹竿来帮忙，最后的结果肯定就是猴子依靠带铁钩的竹竿，吃到了香蕉。"

他微笑着，故作玄虚地连连摇头："错，结果是，猴子因为太饿，太想吃到那串香蕉，一心一意地伸长手臂去抓香蕉，所以根本就没留意到自己身边还有一根可以利用的竹竿。最后，这只猴子也没吃到香蕉！"

"这是什么答案！"

朋友们都有种上当的感觉，异口同声地呵斥。

他急了，大声地喊道，"这可不是一般的问题，想想看，它说明了什么？动机太强，导致智力低下。换言之，我们想独立克服困难的前提是学会独立思考。"

| 智慧传承 | 现在的我们独立性都有所增强，也有勇气去独立面对困难。可是不少同学却有勇无谋，遇着问题只是一味地闷头往前闯，却往往把自己撞得头破血流，结果就像文中的那只猴子一样，越拼命反而越拿不到想要的香蕉。所以在克服困难前，别忘了自己独立思考的能力！ |

改变，从你开始 ▶▶▶

无论什么时候，无论做任何事，都要对得起自己的承诺，这才是大智慧。

很久很久以前，英国的土地上曾居住着一位国王。这位国王性格乖戾，馊点子特别多。一天，他命令众仆人在他的官殿外挖了一个大池塘。一完工，他就召集群臣上殿，并传令下去，当天天黑之时，每家每户必须带来一杯牛奶倒入池塘，第二日一早，他就要视察。群臣闻听此言，连呼遵命，随即便打道回府。

这时，有一人看天色已黑，正准备端杯牛奶朝池塘的方向出发。突然，他灵光一闪，心生一计：既然大家都会把牛奶倒入池塘，他何不倒杯清水来充数呢？反正天那么黑，没人会发现他做了手脚。于是，他把想法付诸行动，把一杯清水倒入了池塘。他不禁暗暗欣喜，因为他为家人节省了一杯牛奶。

第二天清早，国王带领文武百官来到池塘边视察。大家被眼前的景象惊呆了：池塘里好一汪碧盈盈的清水哇！哪里有一丝牛奶的影子？

原来每个人的所思所行都与前面这个人不谋而合。所有人都在想：我不必往池塘倒入牛奶，反正其他人会做的。

当你答应提供帮助时，千万不要趁忙乱之际，寄希望于他人，甚至做些以次充好的不轨行为。反而，你应该做个开路先锋。若你不如此，别人同样也不会。

智慧传承 有了承诺，生命便有了一个沉甸甸的质地。生命的天空便会洒满金色的阳光。用承诺的阳光温暖人的心灵，自己的内心也就无愧了。无论做任何事，要对得起你自己的承诺。做个信守承诺的人吧，天再黑，心无愧，行动起来，久而久之，了不起的你必将会改变身边的世界！

你错过了鹿群 ▶▶▶

就在你为小小的失败懊恼的时候，就错过了人生的一次精彩。

一个猎人带儿子去打猎，在林子里活捉了一只小山羊。

儿子非常高兴，要求饲养这只小山羊，父亲答应了，将猎物交给儿子，要他先带回家去。

儿子挎着枪，牵着羊，沿着小河回家。中途，羊在喝水的时候忽然挣脱绳子，小猎人紧追慢赶，结果还是没抓住，到手的猎物就这么飞了。

小猎人既恼火又伤心，坐在河边一块大石头后哭泣，不知道如何向父亲交代，满腔懊悔之情。

糊里糊涂等到傍晚，看见父亲沿河流走来了。小猎人站起身，告诉父亲失羊一事。父亲非常惊讶，问："那你就一直这么坐在大石头后面吗？"

小猎人赶忙为自己辩解："我没能追赶上它，也四处找了，

智 慧 少 年

没有踪影。"

父亲摇摇头，指着河岸泥地上一些凌乱的新鲜脚印："看，那是什么？"

小猎人仔细察看后，问："刚刚来过几只鹿吗？"

父亲点点头："就是！只为了那只小山羊，你就错过了整整一群鹿啊！"

智慧传承

人生的路短暂，却处处藏着机遇，在你为一点小事而懊悔的瞬间，就有可能错过一个展现人生价值的机会。

小男孩只是在为自己失羊而痛苦的一瞬间，就错过了一大群鹿。这就是人生，任何时候，都不要沉迷于一时的失败，始终让自己处于奋斗和追寻的状态，你能够最大限度地实现自我。

盛赞之下怒气消 ▶▶▶

赞美之声，就像是一根万能的钥匙，让所有封闭的心门都悄然打开。

相传古时某宰相请一个理发师理发。理发师给宰相修到一半时，也许是过分紧张，不小心把宰相眉毛刮掉了。唉呀！不得了了，他暗暗叫苦。顿时惊恐万分，深知宰相必然会怪罪下来，那可吃不起呀！

理发师是个常在江湖上走的人，深知人之一般心理：盛赞之下怒气消。他情急智生，猛然醒悟！连忙停下剃刀，故意两眼直愣愣地看着宰相的肚皮，仿佛要把五脏六腑看个透。

宰相见他这模样，感到莫名其妙。迷惑不解地问道："你不修面，却光看我的肚皮，这是为什么呢？"

理发师忙解释说："人们常说，宰相肚里能撑船，我看大人的肚皮并不大，怎能撑船呢？"宰相一听理发师这么说，哈哈大笑："那是指宰相的气量大，对一些小事情，都能容忍，从不计较的意思。"

理发师听到这话，"扑通"一声跪在地上，声泪俱下地说："小的该死，方才修面时不小心，将相爷的眉毛刮掉了！相爷气量大，请千万恕罪。"

宰相一听勃然大怒：眉毛给刮掉了叫我怎么见人呢？不禁要发作，但又冷静一想：自己刚讲过宰相气量大，怎能为这小事，给他治罪呢？

于是，宰相便豁达温和地说："无妨，且去把笔拿来，把眉毛画上就是了。"

比黄金更贵的是智慧 ▶▶▶

鸟靠翅膀兽靠腿，人靠智慧鱼靠尾。有智慧就能想到办法，靠智慧就能走出困境。

他出生在印度班加罗尔附近的一个小镇上，由于家境贫寒，他连中学都还没有毕业，就不得不辍学回家务农了。

他家有3亩多田地，像众多的村民一样，也全部种上了橡胶树，由于产量有限，每年的收入仅仅能勉强填饱肚子。然而，他从小就不甘于一辈子过这种贫穷的生活，每当割胶的时候，他觉得那些橡胶树滴下的不是汁水，而是流出了他心中的眼泪。

这个小镇有一个独特的景象——土壤呈一片褐红色，在外地的旅游者看来，这的确是一种罕见的自然奇观，但在当地村民看来，这种糟糕的土壤正是造成橡胶树减产的主要原因。

一个周末，他在当地的唯一一家图书馆查阅得知，这种红土

很可能含有丰富的氧化铜。他的脑子里立刻有了一个生财点子。

　　他立刻雇了一辆汽车，把一整车红土运到了几百公里外的一个铜矿厂，经过检测，红土里确实含有丰富的氧化铜，铜矿厂同意以较高的价格收购，并和他签订了长期供货合同。回来一算，除去运费，他这一趟净赚了96个卢比。从此，他砍伐了自家田地里的所有橡胶树，开始变卖那些在村民们看来一文不值的红土。可以说，这是他为自己人生掘的第一桶金。

　　当村民们开始纷纷效仿，四处变卖红土的时候，他迅速在镇里开设了第一家铜矿厂，大量收购红土，并且开出了更高的价格，由于节省了往返的运费，他几乎垄断了所有的红土。很快，他就成了镇里最富有的人。然而好景不长，在当地电视台狂轰滥炸的连续报道下，更多具有实力的铜矿厂开始进驻这个小镇。同行间的恶性竞争，使红土的价格越抬越高。到了最后，几乎无任何利润可图了。

一天，他无意间在电视上听到这样一句话：卡邦科技部前副部长库尔卡尼表示，过去4年中平均每周有一家公司到班加罗尔注册，这个速度在印度是数一数二的。他马上敏锐地意识到，此时，在这个毗临城市的小镇投资地产将会获得最大的收益。

他迅速变卖了自己的铜矿厂，并开始收购村民手里的土地。由于土地遭到了村民大规模且无限量地开挖，早已遍布深坑，满目疮痍，不再适合种植任何农作物，他用相当低廉的价格收购了镇里90%以上的土地。他做出的唯一承诺就是给村民们免费建一个封闭型小区，并安排他们的子女在其新创立的公司就业。

两年后，果真印证了他的预测，由于扩建工业园区的需要，当地政府开始大规模收购土地，且每亩地的价格高出他当初收购价的600倍，他的举措，令那些至今还靠挖红土做着发财梦的铜矿厂老板措手不及。靠着这一大笔资金，他终于成功组建了自己的软件公司。

25年后，凭着自己不懈的努力，他从昔日那个整天围着橡胶树忙着割胶的穷小子，摇身一变，成了开创世界知名IT品牌的跨国公司总裁。

是的，他就是家喻户晓号称"印度比尔·盖茨"的普雷吉姆。他一手开创的公司就是业务遍布全球的著名的维普罗软件公司。2009年，他再次被评为印度首富，其公司也排在印度三大软件公司之首。

敢为人先,他首先把红土卖出黄金的价格,然后再告诉我们:比黄金更贵的是人的智慧。美国《时代》周刊曾这样形容他的成功。

想一想，便圆满 ▶▶▶

人贵在有担当，超过本身的担当，便是替人担当。

有这样一个故事，一位杂技师走钢丝，钢丝悬于两幢8层高楼的建筑物之间，看上去摇摇欲坠。杂技师登场了，每走一步钢丝都会摇晃，吓得观众连连尖叫，但他走了过去。

杂技师洒脱地朝着观众挥手，接着他用一块黑布遮住眼睛，他问观众相不相信他能走过去？观众大喊：不要这样，太危险了。他在观众的大喊声中，迈开了第一步。谁也没有想到，这一次，他走得飞快，像是一路小跑，很快就走到钢丝的另一端。观众拼命鼓掌、欢呼。

接下来，有人用绳子绑住杂技师的双手，而遮眼布条并没有拿下来。杂技师问观众："相不相信我能走过去？"观众彻底沸腾了，高喊："相信！"当然，他又走过去了。

杂技师说："最后一个节目，我将反绑双手遮住眼睛，再扛着我三岁的儿子走过去，大家相不相信呢？"观众排山倒海的声音喊着："相信，相信！"

杂技师什么也没有做，而是让人解开绳子，拿掉了遮眼布条，他说："换你们的孩子来试试？"四周顿时安静下来……

我看的这个故事，是在一本丢在公园长凳上的小学生课外阅读作业，作业的题目是：读了这个故事，你有什么感想？

这个不知姓名的孩子是这样写的：看了这个故事，我觉得杂技师说话不算数，还得好好学习走钢丝……

这是个哭笑不得的回答，这个孩子只看到了一面，而忽略了重要的一句话：换你们的孩子来试试？他没能设身处地为杂技师着想，为那个要被扛上肩头走钢丝的孩子着想，或者说，这个写作业的孩子压根儿就没有意识到走钢丝是件危险的事情。

其实，这个作业并非仅仅是布置给小孩子的，而是布置给所有人的。

感时花溅泪，恨别鸟惊心，这是因为自己的感，自己的恨。各人自扫门前雪，肯定会人立刻接上一句：休管他人瓦上霜。这样一来，自我就是自私了。

自私如密封的箱子，得不到养分。如果这件事湖水知道，投一颗石子，它也会漾出波纹，就那样温柔地一圈一圈扩散，哪怕抵不过湖岸，也在抵达的路上。而不忽视别人，在意别人，肯替别人着想，这就是一个抵达的过程，一个交汇的过程。

还有一个故事，是一个念佛弟子的故事。从前有个不大的庙，却很有名，因为有一件镇庙之宝——供奉着佛祖戴过的手链。

因为珍贵，自然藏在密室。这个地方只有老法师和7个弟子知道。

　　7个弟子都很有悟性，老法师觉得后继有人，将来传位给他们之中任何一个都能光大佛法。却不想，发生了一件事。

　　这串供奉已久的手链不见了！因为外人不能进去，法师跟弟子说："你们谁拿了手链，只要放回原处，我不追究，佛祖也不怪。"

　　7天过去了，手链依然不知去向。

　　老法师又说："谁拿走了手链，只要承认了，这串手链就归谁，我也不会怪罪。"

　　7天又过去了，还是没人承认。

　　老法师又说："那么，你们明天就下山吧，拿了手链的人，如果想留下就留下。"

　　第二天，6个人收拾准备离开，一个人留了下来。那6个人长长地舒了一口气，干干净净地走了。

老法师问那个留下的弟子："手链呢？"弟子说："我没拿。"老法师又问："你没拿，为何留下来？为何要背个偷窃的名分？"弟子说："这几天我们相互猜疑，事情总是要有个结果的，总会有水落石出的那一天。再说，手链不见了，佛还在呀。"

法师笑了，从怀里取出了那串手链！没有解释为什么，只是戴在了这名弟子的手腕上。然后才说："能想自己，更能想别人，就是佛法啊。"

赠人玫瑰，手留余香，无非是心意相通，能想人，肯想人，出发点是自己，落脚点是别人，再然后又回到自己这里。拿物理来说，这是作用力与反作用力。拿老话说，这是圆满。

智慧传承

做事成功离不开条件，有些条件，尤其是客观条件，非主观努力所能为。那么"山不过来，我就过去"——善尽心力，随缘变化有多好！一直在努力，又不执着于条件，轻松自在啊！小徒弟会意识到外在环境是变化无常的，唯一能改变的是内心的状态。我们不可能改变事情的结果，但可以改变对事情的态度！要学会做一个明白人，学会开通、开明、开朗、开心。所谓明白人：既能努力改变环境，更能努力改变心境。改变环境靠聪明，改变心境靠智慧。智慧的人能悟出人生的真谛，把握生活的方向，知道自己的根本追求，不会为了一点琐事而烦恼。

主题班会：母亲节

【活动主题】母亲节——倾听、倾情、倾诉

【活动目的】引导学生了解母爱的伟大，并用真心和行动来回报母亲。

【活动日期】_____年_____月_____日

【班级人数】_____人

【缺席人数】_____人

【活动流程】

　　学校政教处在母亲节前夕布置了活动方案，本次活动分为三大块，即：知恩篇、感恩篇和报恩篇。要求在班会或者利用综合活动课，以各班为单位开展。

1. 知恩篇：

(1) 听妈妈讲自己生日当天的故事，了解"十月怀胎，一朝生子"的艰辛。

(2) 观察妈妈尊老敬老、辛勤劳动的事例，了解生活中平凡而伟大的妈妈。

2. 感恩篇：

(1) 为妈妈做一张节日贺卡：由学生自己动手，通过绘画、照片剪贴等形式制作一张体现母子亲情的节日卡，作为一种亲情的记录，永久的留念。

(2) 记录亲情档案：天底下每一个母亲都记得孩子的生日、爱好以及其他每一个重要的日子，而又有多少孩子了解妈妈的生日和爱好呢？把妈妈的生日、爱好记录下来，并把它记在脑子中，不时地给妈妈送上一份意外的惊喜！

(3) 定制自立小计划：回报母亲厚爱，重要的是要早日学会自立，学会帮妈妈分担力所能及的事情，让妈妈从此少为我操心。把自立小计划写在这里吧！跟妈妈说：妈妈！您放心！这些事情再也不用您为我操心了！或许，这正是这个母亲节给妈妈的最好礼物！最让妈妈感到欣慰的事情！

3. 报恩篇：

在母亲节（每年5月份的第二个周日），根据各班制定的母亲节行动方案，开展感恩行动，将温馨的话语、美丽的鲜花、体贴的行动等献给最伟大的母亲。

【活动总结】

通过此次活动，我们看到了孩子们对母亲的爱是发自内心的，他们用自己喜欢的方式表达对母亲的爱，做家务、送贺卡、送礼物，等等。这次活动也让孩子们了解了自己的母亲，理解了自己的母亲，增进了母子的亲情。

小测试：测试你的思维灵活程度

一个偶然的机会，你到新鲜奇妙的海底世界里游玩。突然，你发现一颗始终放射着耀眼的光芒的石头，你认为它的光芒应该是什么颜色的呢？

A.像红宝石一样鲜红的颜色

B.像黄水晶一样金黄的颜色

C.像绿宝石一样翠绿的颜色

D.像珍珠一样雪白的颜色

【测试结果】

选A：你是超级点子王。你具有发现新事物的才能，好好努力吧，没准可以发明出自己的专利呢！

选B：你是机灵鬼。你头脑聪明，对很多新事物都会好奇。

选C：你是元气活力宝。你的身体非常棒，每天都充满活力地生活，偶尔还会想出一些怪点子。

选D：你是保守派。你对一些新鲜的事物不太感兴趣，有些循规蹈矩，要培养自己的创新思维意识哦！